科学养殖精品系列图书

肉鸡饲养管理与疾病防治技术

傅先强　仇宝琴　主编

中国农业大学出版社

主　　编　傅先强　仇宝琴

副 主 编　石满仓

编　　者　文　杰　王廷成　刘别虎
孙跃猛　李永清　张延安
辛延军　董红霞

前　言

近十多年来，我国肉鸡饲养业有了迅速发展，成为许多地区发展经济出口创汇的重要组成部分。然而在生产实践中，有的养殖户由于对科学养殖缺乏必要的知识，生产达不到应有的水平；有的养殖户没有严格执行防疫制度，鸡群发生了重大疫情，使生产遭受严重损失。为了提高养殖者科学养殖水平，我们编辑了《肉鸡饲养管理与疾病防治技术》，想通过这本书传播科学养鸡的知识和信息，帮助养殖者在养鸡生产中少走弯路，取得更大的经济效益。

本书的编者都是在养鸡生产第一线上工作多年，既有一定的理论基础，又有较丰富的实践经验。在编写过程中，力求将科学理论与实践相结合，使本书更具有可操作性。

近几年来，无论在饲养技术，还是在鸡病防治方面，都有了不少变化和进展，编者力求将最新的理念和技术吸收到本书中来。

由于编者水平所限，书中可能会有不妥甚至错误之处，恳请读者批评指正。

编　者

2002 年 12 月

目　录

上篇　肉鸡饲养管理

下篇 肉鸡疾病防治

上　篇

肉鸡饲养管理

第一章 肉鸡品种简单介绍

一、我国肉鸡品种

我国地方肉鸡品种很多,常以肉质鲜美、皮薄骨细、鸡味香浓著称,其中广东的三黄鸡在香港有很好的市场前景。下面介绍一些我国优良肉鸡品种。

1. 三黄胡须鸡　三黄胡须鸡又称惠阳鸡,产于广东东江流域的惠阳、惠东、博罗、紫金、龙门等地,以羽毛、皮肤、脚有"三黄"为特征,同时下颌有发达而松散的须毛,活鸡在港澳市场久负盛名。12 周龄公鸡平均体重为 1 140 克,母鸡平均重为 845 克,年产蛋 108 枚左右,平均蛋重 45.8 克。

2. 石岐杂鸡　石岐杂鸡是香港养鸡科技人员根据香港的环境条件和市场需要,采用广东市石岐镇地方良种鸡为主要血缘,与引进鸡种进行多元杂交而成的一种商品肉鸡,主要特点是具有"三黄"特征,肉质好。110～120 日龄公鸡平均体重为 2.25 千克,母鸡体重为 1.75 千克,年产蛋 80～90 枚,成活率高,耐热耐潮,抗病力强。

3. 北京油鸡　北京油鸡产于北京市郊区。具有冠羽(凤头)和胫羽,有些有趾羽和胡须,皮下脂肪及体内脂肪丰满,以肉质细嫩,鸡味香浓等特点著称,但生长慢,产蛋量低。12 周龄平均体重为 959.7 克,20 周龄公鸡体重为 1 500 克,母鸡体重为 1 200 克。

4. 河田鸡　原产于福建省西南地区。河田鸡体宽深,近似方形,单冠带分叉(枝冠),黄羽,黄胫,耳叶椭圆形,呈红色。90 日龄公鸡体重为 588.6 克,母鸡体重为 488.3 克;150 日龄公鸡体重为 1 294.8 克,母鸡体重为 1 093.7 克。河田鸡是很好的地方鸡肉用品种,体型浑圆,屠体丰满,皮薄骨细,肉质细嫩,肉味鲜美,皮下腹部积贮脂肪,但生长缓慢,屠宰率低。

5. 固始鸡　原产于河南固始地区。该品种个体中等,外观清秀灵活,体型细致紧凑,结构匀称,羽毛丰满。羽色分浅黄、黄色,少数黑羽和白羽。冠型分单冠和复冠两种。90 日龄公鸡体重 487.8 克,母鸡体重 355.1 克;180 日龄公母体重分别为 1 270 克和 966.7 克,5 月龄半净膛屠宰率公母分别为 81.76%和 80.61%。

6. 清远麻鸡　清远麻鸡产于广东清远县一带。是以体小、骨细、皮薄脆嫩,鸡味浓郁著称的地方鸡种,前躯紧凑,后躯圆大,目前在三黄鸡中售价最高。公鸡羽毛呈深红色,母鸡深黄麻色。公鸡体重为 2.2 千克,母鸡体重 1.8 千克左右。产蛋量为 70～80 枚,平均蛋重为 46.6 克,具有耐粗饲,适应性强的特点,但生长慢,繁殖力差,母鸡有就巢性。

7. 桃源鸡　桃源鸡产于湖南省桃源县一带。该鸡躯体大,单冠,青脚,羽毛蓬松,呈长方形,耐粗饲,肉质好。母鸡黄羽或黄麻羽,公鸡金黄色或红色,颈羽黄、黑相间。该鸡的缺点是生长慢,骨骼粗。成年公鸡体重 3 278.73～3 405.27 克,母鸡体重 2 899.5～2 980.5 克。肉质细嫩,肉味鲜美。公母鸡的半净膛屠宰率分别为 84.90%和 82.06%。

二、引进的肉鸡品种

近几年来,我国从国外引进了很多肉鸡品种,其中引进

后在国内饲养量比较大的主要有以下几个品种。

1. 艾维茵　艾维茵肉鸡是美国艾维茵国际家禽有限公司培育的白羽肉鸡，1986年从美国引进，在我国建立了曾祖代场和祖代场，进行选育和繁殖。艾维茵鸡抗病力强，产蛋多，孵化率高。艾维茵商品代肉用仔鸡，肉质细嫩，7周龄出栏率高达98%以上，在国内外肉鸡市场中深受欢迎。父母代种鸡，入舍母鸡41周产蛋数190枚，产蛋期存活率为92%，平均孵化率85%，商品代肉仔鸡7周龄公母平均体重为2.287千克，肉料比为1∶1.91。

2. 爱拔益加　爱拔益加原产地是美国，一般简称为“AA”肉鸡。AA肉鸡是美国爱拔益加公司培育的四系配套杂交肉用鸡，1979年被我国引进，1980年后，在广东、上海、山东、东北三省和北京等地建立祖代场和父母代场。此鸡生长快，饲料报酬高，经济效益显著，为此在我国引入数量较多，在肉鸡市场中占有一定优势。该鸡羽毛为白色，父系为考尼什型，豆冠，母系为白洛克型，单冠。胸宽腿粗、肌肉发达、尾羽短。父母代种鸡入舍母鸡产蛋数为184枚，产蛋后期体重为3.45～3.72千克，平均孵化率85%以上，商品代肉仔鸡7周龄平均体重为2.1千克，肉料比为1∶2.07；8周龄平均体重2.47千克，肉料比1∶2.18。

3. 罗曼　罗曼原产地为德国，是西德罗曼公司培育的。1982年被中国引进，在北京、四川、河南、江苏等省市建有种鸡场。种鸡38周产蛋数为164枚，平均孵化率为85%，产蛋36周平均每只母鸡耗料39.7千克。7周末体重为2千克左右，肉料比为1∶2.05。

4. 星布罗　星布罗原产地为加拿大，是加拿大雪佛公司培育的。1978年被引进后，在上海新杨种畜场曾建有曾祖代场，在全国各地建有祖代和父母代场。该鸡种的特点是早期生长快，饲料报酬高，肉质好，8 周末的体重为 2.17 千克，肉料比为 1∶2.26。7 周龄的成活率为 95%。

5. 哈巴德　哈巴德原产地为美国，是美国哈巴德公司育成的白羽配套系。1981 年被中国引进，在上海、广州、山东、河北等地建有种鸡场。该鸡胸肉率高，不仅生长速度快，而且具有伴性遗传，能根据快慢羽自别雌雄。出壳时雏鸡主翼羽与覆主翼羽长度相等，或者短于覆主翼羽为公雏，若主翼羽长于覆主翼羽为母雏。父母代种鸡，入舍母鸡产蛋量为 180 枚，种蛋孵化率 84%。商品代肉用仔鸡 7 周龄公母平均体重 2.287 千克，肉料比 1∶2.08。8 周龄体重为 2.12 千克，肉料比 1∶2.25。该品种还有红、麻黄等羽色。生长速度不及白羽肉鸡，但快于优质肉鸡，而肉质风味较白羽肉鸡佳，而次于优质肉鸡。

6. 狄高　狄高肉鸡是世界著名的肉鸡品种，为澳大利亚狄高公司培育的黄羽配套肉鸡。生产性能优越，适应性强，易饲养，商品代雏鸡可根据羽色自别雌雄。在不同的气候条件和农村条件下均可饲养。商品代肉用仔鸡饲养 42 天，体重可达 2.10 千克，肉料比 1∶1.95；后期连续生长性能较好，饲养 90～100 天，体重可达 5.0 千克；羽毛颜色与土鸡相似，肉质鲜美，近似于土鸡，适合农村、城镇各层次消费者的需求。父母代种鸡入舍母鸡产蛋数 191 枚，种蛋孵化率 89%。商品代肉仔鸡 7 周龄体重 1.78 千克，肉料比 1∶2.08；8 周龄体重 2.12 千克，肉料比 1∶2.25。狄高种母鸡具有独特的“隐性白羽”遗传性状；父本公鸡生长发育良好，产肉多，可作为地方品种改良之亲本。

现在国内饲养量最大的是爱拔益加和艾维茵，由于这两种鸡生长速度快、饲料转化率高和抗病力较强，受到了人们的欢迎。

第二章　肉鸡生产与养鸡效益

一、肉鸡生产的特点

1. 饲养肉鸡追求综合效益　肉鸡生长快，生产周期短，资金周转快，饲料报酬高，生产效率高。从准备工作开始算起，一般一个饲养周期需要 2 个月左右的时间，肉仔鸡 7～8 周龄出场，当年投资当年就可获利，是资金周转最快的养殖业之一。现代肉仔鸡 7 周龄体重可达 2.2 千克左右，每增重 1 千克，耗料 2 千克左右。

2. 饲养肉鸡追求的是规模效益　肉鸡生产必须把"成功率"放在首位，现在饲养肉鸡的纯利润较低，一般饲养 1 只肉鸡的纯利只有 1～2 元，要获得更好的效益，需要有一定的饲养规模，肉鸡生产中主要是靠规模效益，刚开始养肉鸡的农户，可以先从每批饲养 300～500 只开始，随着经验和资金的积累，每批可以养到 1 000～2 000 只，或更多一些。但为了追求稳定的生产，在饲养条件不成熟时，切不可盲目扩大饲养规模。

3. 饲养肉鸡一般以饲养"合同鸡"为主　肉鸡生产基本上都是产业化生产。农民自己饲养的肉鸡是很难直接走向市场的。养成的肉鸡如果不能及时上市，多养一天就多一天损失。所以一般情况下，农民饲养的肉鸡都应该和肉鸡公司签订回收毛鸡合同。以合同价格在确定时间上交毛鸡，可以减少卖不出去时的市场风险，让农户将所有注意力都集

中在生产上，不必考虑市场的变化。

4. 肉鸡生产的基础是能否维持稳定的生产环境　肉鸡虽然体重很大，但日龄很小，很娇嫩，对环境适应能力和抗病能力都较弱。肉雏鸡需要的适宜温度比蛋雏鸡高1～2℃，如果育雏初期需要较高温度时，舍内温度上不来，或不稳定，则不利于鸡只成活。肉鸡稍大后又不耐热，舍内温度下不去，在夏季容易中暑而死亡。在生产后期舍内氨气刺鼻、尘埃弥漫，又因为舍温太低，不敢通风换气，所以发病率增加。在早期若换气不足则可能增加腹水症的发病率。在环境上不能满足肉鸡维持正常生理活动的需要，是肯定养不好肉鸡的。要成功地养好肉鸡，必须在加强鸡舍的环境控制能力上下大功夫，要有比较容易实施的环境控制措施。肉鸡的管理工作，必须以维持舍内适宜的环境为中心。

5. 饲养肉鸡必须采取"全进全出"的饲养方式　饲养肉鸡最忌讳不同日龄的大小肉鸡饲养在同一鸡场内，这种饲养方式，在6个月之内，就会使各种疾病在鸡场内循环感染，疾病越来越多，使肉鸡的成活率降低和生长速度越来越慢。为了安全生产，提高成功率，饲养肉鸡必须采取养一批走一批的"全进全出"的饲养方式。养完一批鸡后，必须彻底的清扫、消毒，再空舍2周后开始进下一批肉鸡。即使在没有出现任何疫情的情况下，使用"全进全出"和不使用"全进全出"饲养方式，其鸡群的生产成绩也有明显的区别，而在污染严重的地方，两种饲养方式之间的差异更为明显。

6. 完善控制疫病的措施，是成功养肉鸡的基本保障　对于肉鸡的疾病必须采取预防为主的方针。鸡群一旦发病就很难控制，即使控制住了，也会造成很大损失。所以肉鸡生产必须要有一个完善的疫病防御措施。肉鸡抗病能力较弱，疾病是造成饲养肉鸡失败的主要原因。必须认清发生疾

病的可能原因，堵塞一切漏洞，在消毒、隔离、免疫、用药、环境控制、营养等诸多方面采取综合治理的方针，才能显现成效。

7. 肉鸡生产必须抓紧前期的管理　前期饲养的失误会直接波及整个饲养期。有人提出决定肉鸡成败的关键是前 3 周的饲养管理，但实际上第 1 周的管理或头 3 天的管理是至关重要的，在这几个时期的失误都会波及整个饲养期。如果前期环境控制很适宜，鸡群生长很健壮，就很容易安全地度过饲养后期。很多后期的疾患都是以前期管理中的失误为基础的。

8. 肉鸡生产中的用药　一般应该集中在前期使用药物，除特殊情况外，后期一般不再用药，特别是在上市前一周，考虑鸡肉中可能存在的药残会影响到食用者的安全，许多药物或药物添加剂是不允许使用的。

如果在饲养后期鸡群发病而不得已用药，此时因为肉鸡体重已经很大、采食量大、投药量大、费用很高。另外，这时的投药一般也难以奏效。所以理智的用药方法是在前期根据鸡群情况和环境变化等，预防性地投药并配合其他措施来保障鸡群的健康，以便安全度过饲养后期。

9. 肉鸡生产的后期管理，应该以通风换气为核心　由于肉鸡后期体重大、采食量大、排泄量也大，它们呼出的二氧化碳、散出的体热、排泄出的水分以及舍内累积的鸡粪产生的氨气和舍内空气中浮游的尘埃等，如果不能及时排到舍外，舍内的生存环境就会越来越恶劣。不仅会严重影响肉鸡的生长速度，还会增加肉鸡的死亡率。肉鸡的饲养后期，每天能增长 70 克左右，而死亡 1 只就要损失 20 元左右，因此后期管理对于提高经济效益的重要性是不言自明的。要注意通风设施的改造，创造通风条件，改进通风方法，保障饲养后期舍内能维持比较适宜的环境。

10. *肉鸡养到7周龄左右必须及时出售* 肉鸡累积料肉比随周龄增加而增大，8周龄之后，饲养时间越长，则效益越低。8周龄后，日增重也开始下降。所以为了取得较好效益，应该注意科学地饲养管理，让鸡尽快地达到出售体重，尽早出售，及时出售。

11. *肉鸡生产必须使用高能高蛋白的全价配合饲料* 没有充足的营养，肉鸡就不可能充分地发挥其生长潜力，就不可能长得快，必须用优质原料来生产肉鸡饲料，在饲料上稍有疏漏，就可能严重影响生产。肉鸡长得快，很容易暴露出饲料中某些营养素的不足或缺乏。某些营养素的缺乏不仅影响生长，还影响鸡的体质和抗病能力，严重时鸡群出现营养缺乏症。饲料原料质量的不稳定，或某些毒素的混入，饲料存放不当、使用不当、霉变等都有可能影响饲养效果。

12. *肉鸡生产一般都使用颗粒饲料* 采用颗粒料饲料浪费少、增重快。不同形式的饲料对肉鸡生产成绩和采食行为的影响不同。与粉料相比，使用颗粒饲料比使用粉料的效果好，在日增重和饲料转化率方面都有明显的优势。

肉鸡生产虽然也需要很多体力投入，但从以上分析看，肉鸡生产主要是技能、智慧的应用，是需要用心来管理的。

二、肉鸡饲养的形式

肉鸡生产的特点使肉鸡业迅速地跨入了集种鸡、孵化、饲料供应、商品鸡饲养、屠宰加工、冷藏、销售为一体的一条龙生产，是养殖业中最早进入产业化经营的行业。

现在商品肉鸡生产的饲养方式有两种：一种方法是种鸡场或大公司建立自己的大规模商品肉鸡场，根据条件和

资金情况决定饲养规模；另一种是放养，就是种鸡场与农户签订饲养合同，根据合同供给农户鸡雏、饲料，再回收毛鸡，这种方法是目前使用最多也是最有效的方法。

1. 为什么要发展肉鸡公司与农户的联合饲养肉鸡

(1)肉鸡体质弱，对环境变化极为敏感，需要比较细致的管理。而农民可以把全部的精力都关注在养鸡上，对鸡群的管理较好，而养殖场的工作时间一般为8小时，所以以农户为单位饲养肉鸡具有较大的内在经济动力和活力。

(2)肉鸡作为商品生产目的是要获得经济效益，而现在肉鸡市场激烈竞争，种鸡场和大的养殖公司的饲养成本相对较高，饲养商品肉鸡效益很低甚至不赢利，而发动农户养殖成本相对要低的多，从而能创造较好的经济效益。

(3)很多农民家中都有闲散劳力、闲置房舍，现在农民的经济条件也有了很大的提高，农民手中有一些闲散资金，充分利用农村的资源，养殖公司应该大力发展放养肉鸡。

(4)让农民养肉鸡还可以帮助农民脱贫致富，养殖公司通过调整雏鸡、饲料价格和毛鸡收购价格的比例，可以让农民饲养一只鸡平均有1～2元的利润。

(5)公司加农户的方式只适合国内的肉鸡市场，不符合国际市场的要求。

2. 如何使农户顺利养肉鸡

(1)农民文化水平相对较低，刚开始饲养时失败的可能性较大。这就要求种鸡场能给农民提出几点切实可行的办法：①建议先发动文化素质较高的农户进行小规模饲养，在取得一定经验之后逐渐带动其他农户饲养；②刚开始养殖时由于经验不足，所以规模不要太大，每批饲养500只左右为好，等积累了一定的养殖经验后再扩大规模；③种鸡场或养殖公司要强化技术队伍建设，强化技术服务，给农民强有力的技术支持，及时帮助农民排除生产中可能出现的问题。

(2)在农村，有些地方可能有毛鸡丢失、欠款难收、资金流失的现象。这要求养殖公司加强自身管理，制定赊鸡雏和饲料的有效措施，赊出之后，必须有严格完善的收款措施。但要注意这些措施不是对养鸡户的管、卡、压，而重点在于服务和管理，帮助农民养好鸡，农民有了效益，就很少发生不良的现象。所以放雏的公司必须研究保障农民养好肉鸡的措施，使农民比较容易地养好肉鸡。在公司和农户之间的利益分配方面，必须有长远发展的眼光，不能因为市场行情的波动而损害农民的利益，要保障饲养成功的农户能有合理的经济收入。

(3)农户养肉鸡用药比较盲目，药残问题显得突出，这必然影响产品的出口。要求公司在管理上要细致，用通俗易懂的方式让农民认识到盲目用药的危害，同时保证公司和农户之间关系的融洽，就可以有把握克服这个问题。对于后期问题较多不得不用药的鸡群，则可以由公司制定出可行的投药方案，并监督指导养户操作。

3. 采用公司加基地的饲养方式更能适应现在的肉鸡市场

(1)公司加基地的方式就是由大的肉鸡公司建立自己的商品肉鸡生产基地，让农户到基地来承包饲养肉鸡，特别强调所有鸡群的免疫和投药均由基地技术人员统一安排，农户不能决定免疫和投药。

(2)这种方式可以很好地控制鸡肉中的药物残留问题，容易达到出口标准。

(3)由于基层的药残检测水平和检测手段有限，有些通过公司加农户饲养方式产出的鸡肉，其有些药物残留检验不够精确，所以公司加农户的饲养方式目前能适合国内的

大部分鸡肉市场。

(4)国际上对鸡肉中药物残留有明确规定,并且有一些先进的检测仪器和手段。

(5)在中国进入 WTO 后,国际市场是许多肉鸡公司的必争之地,谁先行动谁就能掌握主动。

三、市场预测与动态分析

所谓市场预测就是根据有关信息资料对未来的肉鸡需求变化进行分析,对其发展趋势和发展状况做出正确的估计和判断。

1. 市场预测内容　市场预测内容比较广泛,凡是能够引起市场变化的因素,都可以构成预测的内容。但是,预测又不能盲目地进行,必须有一定的重点和相对性。一般来说市场预测主要包括以下 7 个方面。

(1)肉鸡生产的发展变化情况。

(2)市场对鸡肉需求的变化情况。

(3)城乡消费习惯、消费结构、消费增长和消费心理的变化。

(4)市场价格变化情况。

(5)同类产品进出口贸易情况。

(6)国家法律、政策和国际贸易政策的变化对鸡市场供求的影响。

(7)本地区及国内鸡场变化情况,包括鸡场数量、规模及分布等。

2. 市场动态分析　肉鸡市场动态分析主要是对饲料市场的变化、肉鸡价格的变化和社会需求量的变化等因素的分析。

(1)饲料市场的变化。肉鸡的饲料主要是粮食。农业的丰收与歉收直接影响饲料生产和饲料价格。肉鸡生产成本中饲料占70%左右,因此,饲料对肉鸡生产的经济效益影响很大。肉鸡生产者须密切注视农业和饲料市场的变化。

(2)肉鸡价格的变化。肉鸡价格的变化直接影响着肉鸡生产的经济效益。饲料价格与肉鸡价格的比例要保持基本平衡。肉鸡生产者要善于通过市场调查,预测低谷的出现和高峰的到来,合理安排生产,使肉鸡生产取得最好效益。

(3)社会需求量的变化。肉鸡生产效益还受市场供求关系制约。供求关系可以从肉鸡价格变化表现出来。供过于求时,肉鸡价格可能下跌。供不应求时,肉鸡价格则会上涨。根据市场变化规律,安排生产和出栏时间。有条件的可以设冷库保存,保证全年均衡供应。

四、肉鸡生产的制约因素

肉鸡生产的制约因素概括起来主要有:品种质量、饲养与疾病防治技术水平、生产经营管理水平和市场供求关系等方面。

1. **品种质量因素**　鸡品种都是经过人工选育、杂交而产生的杂交配套系。鸡品种退化、种鸡被疫病污染等都会影响鸡生产产量和效益。

2. **饲养与疾病防治**　包括饲料营养水平、环境控制和疾病防治等。营养不平衡或水平低都会影响鸡的生长速度,甚至导致疾病;营养水平过高则会造成饲料浪费,使饲养成本增高。鸡生产需要适宜的环境,才能保证鸡的正常发育。疾病预防和控制是生产中的一个非常重要的方面。疾病有病毒性、细菌性、寄生虫性、营养缺乏以及其他生理代谢障

碍性疾病等，加强饲养管理和环境消毒可有效地减少疾病的发生。

3. **生产经营管理** 要在竞争中取胜，获得效益，除了要有好的品种、科学的饲养与疾病防治技术等，还必须要有一定的经营管理技术。

4. **肉鸡市场供求关系** 肉鸡生产者如果能准确预测市场供求变化趋势，及时调整生产经营管理方式，必将获得肉鸡生产的主动权。

五、生产投资及效益分析

1. **设施投资及资金效率** 所有商品生产都需要有适宜的设施投资。生产设施投资的原则应是以能最经济地大量生产出优质的肉仔鸡为目的。养鸡的生产设施，主要是建筑物（鸡舍）及其内部设备（给料、给水、给温、通风设备等）。此外，也包括鸡舍以外的配电、给水、排水工程及仓库等建筑。建设费的投入，通常以每平方米来计算，资金效率是以每年每平方米设施投资所能产生的肉仔鸡毛收入或毛利来衡量的。目前，开放式鸡舍每平方米建筑投资 200 元左右，封闭式鸡舍 300 元左右。鸡舍建筑物与内部设备投资额的比例，一般来说，开放式鸡舍，建筑物占 80%，内部设备投资约占 20%；而封闭式鸡舍，建筑物占 90%，内部设备占 10%。

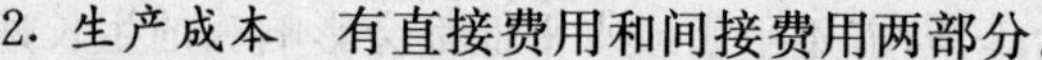

2. **生产成本** 有直接费用和间接费用两部分。

直接费用包括：饲料费用和购买雏鸡费用。肉仔鸡单位体重的饲料费＝饲料转化率×饲料价格（饲料转换率＝从开食到称重时的饲料消耗量/称重时仔鸡体重），由此可见，饲料费随饲料转化率与饲料价格变动而变化。每只出栏的仔鸡或每千克体重所负担的初生雏费为：出栏每只鸡的购雏费＝雏单价/出栏率。出栏鸡所负担的初生雏费用，除了受雏鸡价格影响外，还受出栏率的影响。

间接费用包括：每批鸡整个饲养过程所耗水、电、燃料费，所用疫苗和兽药费用，设备折旧、人员工资等费用。

无窗鸡舍的照明及通风换气耗电多于开放式鸡舍。燃料费因季节（气温变化）不同而每批有很大变化。每只或每千克仔鸡的水、光、热能费用数值，可按一年中的平均值计算。

疫苗药品费：即每批（群）仔鸡所用免疫预防、治疗、消毒、杀虫等所有药品费用的总和。不过，有的疫苗费，如马立克氏疫苗已包含在初生雏费中，也有部分预防药物添加在配合饲料中，已计入饲料价格内。

利息：是指对固定投资（所借长期贷款）及流动资金（短期贷款）一年中支付利息的总额。

修理费：是为保持建筑物和设备完好而支付的修理费。这项费用，根据建筑物及设备的新旧程度有所不同。通常把每年折旧额的5%～10%用做修理费。

折旧费：为更新建筑物和设备而作的提留。鸡舍建筑、设备的折旧年限以多长时间为合适有不同意见，一般来说，因建筑物构造和设备质量而有所不同。大体上砖木结构的鸡舍为15年；简易鸡舍为5年左右；器具、机械可按5年折旧。建筑物和设备的残值，可按10%计算。

劳务（人工）费：肉仔鸡的生产管理劳动，包括育雏、给水、给料、疫苗接种、观察鸡群、出栏捉鸡和装笼、清扫、售鸡运输、购物等。应用先进设备，实现给水、给料自动的，可直接按饲养人员的劳动定额计算。每年出售5万只鸡以下，需专职养鸡者2或3人；每年出售10万～15万只，需专职养鸡者3或4人。经营管理好的，每出栏1千克体重的肉仔鸡投入的劳动量为0.02～0.04小时。肉仔鸡生产每小时劳动工资变化较大，假如每小时按3元计算，则每千克体重肉鸡人工费为0.06～0.08元。

税金：主要指肉仔鸡生产所用土地、建筑、设备、生产、销售应交的税金。这部分费用也要分摊到每千克体重肉鸡或每只肉鸡上。

杂费：包括保险费、通讯费、交通费、搬运费等。一般把此项费用与上一项税金合并，算出一年金额和每批的平均金额再除以出栏只数或体重，求出每只或每千克体重应负担的费用。

3. 销售收入与盈亏核算

(1)销售收入。综合性鸡场的销售收入包括种蛋收入、雏鸡收入、淘汰鸡收入、肉仔鸡收入及鸡粪收入等。各项收入的总和减去各项支出的总和即为总效益。

(2)鸡生产量本利分析。鸡生产量本利分析又称盈亏平衡点分析。它是综合分析业务量(产量、销售量)和成本、利润三者的关系，用以预测利润和进行经营决策的一种数学分析方法。盈亏平衡点(又称保本点)是指业务收入和业务成本相交的临界点。如业务量位于临界点，则不盈不亏；如业务量位于临界点以上，则赢利；反之则亏损。

4. 影响鸡生产经济效益的因素

(1)出栏体重与饲料转化率。如果饲料价格和仔鸡出售价格恒定，那么出栏体重大，饲料转化率高，则收益增加。有的出栏体重虽大，但出售日龄也大，饲料转化率降低；也有的出栏日龄小，饲料转化率虽高，但出栏体重偏轻。这两种情况都不会增加收益。

(2)出售价格与出栏时间。出售价格是影响收益的关键因素之一。它既受仔鸡品质影响,又受市场供求关系影响,不是生产者所能决定的。但出售时间不同,肉仔鸡的体重、等级和价格会有很大差异。生产者可根据市场情况,选择最佳出售时间。

(3)饲养密度与鸡舍周转次数(鸡舍单位面积生产出售产品的重量)。同一生产设施在一定的时间内出售的肉仔鸡量越大,则单位重量的费用越小,收益越高。所以,合理的饲养密度和鸡舍周转次数,也是影响收益的关键因素。

(4)出栏率与品质。肉仔鸡出栏数与接雏数的百分比,称为出栏率。一般来说,出栏率高的鸡群品质也较好,饲料转化率高,每只肉仔鸡或单位体重所负担的初生雏费也少。若伤残的鸡多,就会大大降低生产者的收入。因此,应在饲养管理和销售上下功夫。

(5)整齐性。肉仔鸡在一定日龄或周龄的体重存在着差别,饲养管理不当会加剧这种差别。适当的饲养密度、良好的管理和卫生防疫,会使鸡群发育整齐;反之,整齐性差,使出栏和销售受到影响。

综上所述,影响肉仔鸡生产效益的最大因素是饲料价格和肉仔鸡出售价格。肉仔鸡经营成果的好坏随出售价格与饲料价格变化而变化。两者的关系指数(鸡料价格比)可显示各个时期的经营情况,即:鸡料价格比=每千克鸡的出售价格/每千克饲料的购入价格。这个数值越大,对生产者就越有利。

六、提高饲养肉鸡的经济效益

由于肉用仔鸡饲料转化率高,占主要支出的饲料费用较少,经济效益较高。因此,几十年来国外肉鸡生产一直发展很快。尽管有些发达国家肉鸡生产接近饱和状态，鸡肉价格也很低廉，只相当于牛肉的1/5，但是肉鸡生产仍然保持兴旺发达。我国肉鸡生产目前还处于开始发展阶段，鸡肉价格相当高，市场广阔，具有很大的竞争能力。

肉鸡的饲养需要很强的技术性和科学性，必须严格管理，做好周密的计划以及仔细的计算各项费用，才能获得更好的经济效益。饲养肉用仔鸡的经济效益主要由成活率和早期生长速度、饲料报酬及销售价格等几个因素决定的。

1. 提高早期生长速度和成活率

(1)选择出壳体重在40克以上的健康雏鸡。弱雏适应性差，易发病死亡，饲料报酬低，效益较差，因此要选择信誉好的大型种鸡场的健康高产的鸡群所繁殖的雏鸡。

(2)控制好鸡舍温度。雏鸡进入鸡舍前要绝对保证舍温达32～35℃，前3天要保证34～35℃的温度，第1周的育雏温度必须在32℃以上，以后每周逐渐下降2～3℃，直到20℃左右。同时不能忽视鸡舍通风，要处理好舍温与通风的关系，做到温度适宜且通风良好，防止鸡群慢性缺氧发生腹水症。肉用仔鸡全期实行自由饮水和采食，经验证明：初次饮水可用5%的葡萄糖水，每昼夜喂料次数不少于6次，这样可刺激雏鸡食欲，并能减少饲料浪费。在鸡舍工作时要小心，避免物理性伤亡，要注意防止鼠害。

(3)使用全价配合饲料，最好前期要使用颗粒饲料，前3周保证饲料粗蛋白的含量在22%以上，第4周时饲料的粗蛋白也要在20%左右。因为28日龄前是肉鸡各器官生长发育的关键时期，是长骨架的时期，只有各部分器官和骨架生长正常的条件下，28日龄后才能发挥出最大的增重速度，即每天增重100克左右。

(4)防病措施要得当。根据雏鸡的母源抗体情况，制定科学的免疫程序。一般情况下,10日龄用新城疫Ⅳ系疫苗点眼滴鼻,17日龄法氏囊弱毒疫苗饮水,24日龄和31日龄分别重复10日龄和17日龄的免疫。同时要适时合理用药,控制白痢病、球虫病和慢性呼吸道病等,鸡群在没有疾病时,不能滥用药物,以免产生抗药性,从而影响以后的生长和增重。搞好鸡舍环境卫生,定期对喂料和饮水器具进行清洗消毒,保持垫料的干燥清洁,这样才能使鸡群健康良好地生长发育。

2. 降低饲料消耗,提高饲料报酬

(1)选用优良商品肉用杂交鸡种,通过饲养比较,目前白羽肉鸡以艾维茵、爱拔益加品种为好,生长速度快,抗病力强,饲料报酬高,料肉比可达(1.87～1.91)∶1,7周龄平均体重可达2～2.45千克,成活率可达98%左右。

(2)选好饲料很重要,因为在肉鸡饲养过程中饲料成本占养鸡总成本的70%左右,所以根据肉用仔鸡不同阶段的营养需要适时更换饲料配方,饲喂优质全价的配合颗粒饲料,并千方百计地增加肉鸡的采食量,保持旺盛的食欲。目前,饲料市场十分繁荣,难免有假冒伪劣,所以养鸡要考虑选用有经济和技术实力、重质量守信誉的大型饲料厂的饲料产品。

(3)鸡群大小和密度要适宜。肉仔鸡群不宜过大,一般情况下以400只左右为一群,并且要时常进行强弱大小分群。饲养密度按每平方米10～15只较为合适。若密度过大,会造成采食和饮水位置不足,致使增重不均,均匀度差,同时也易造成垫料脏湿板结,舍内空气污浊,导致肉鸡生长速度缓慢。

(4)选择好喂料设备,避免饲料浪费,料桶最好有往回挡料的部分,即有向里弯的边缘,上面有隔栅,隔栅的大小

可以调节，以方便体重大小不同的鸡的采食，同时还可以为体重小的鸡群提供不同的饲料，达到调节体重和均匀度的目的。

(5)在7～10日龄时最好给鸡群断喙，减少啄肛啄羽的发生，同时减少饲料的浪费。

(6)提高早期生长速度，缩短育肥期限，尽早达到出栏体重。

3. 及时出栏，减少残次鸡　肉仔鸡一般在7周龄以前增重较快，饲料转化率在1.9～2.1之间，7周后增重速度逐渐减慢，尤其是在10周龄后，每周增重只有350克左右，饲料转化率明显降低，第10周肉鸡的饲料转化率为2.5左右，所以肉仔鸡7周左右出栏最经济。

4. 抓住市场变化规律，高价出售　肉鸡出栏时的市场价格对饲养肉鸡的经济效益影响很大，因此饲养者要时常了解市场信息，根据当地的鸡雏饲养量，毛鸡需求量决定进鸡时间和数量。一哄而上时，少养或不养，大家停养时自己要多养，这样才能获得较大效益。但要注意也不能一味盲目等待价格上扬而延长鸡群周龄，这样也不合算，因为8周龄以后肉鸡饲料报酬下降，死亡率高，并且体重过大也不一定好销售。所以，要根据市场行情和自己的实际情况，做到适时出栏上市。

5. 扩大饲养量　1 000只的规模，2个月一批，每批纯利500元，一年养四批，可得2 000元。每批扩大到5 000只，一年赢利10 000元。当前农村养鸡户从累积资金入手，由少变多，逐渐扩大饲养量，效益将是可观的。

6. 产销联营　养殖户自愿组织起来，实行产供销联营，向大企业方向过渡，采用机械化作业，提高生产效率。

7. 减少其他支出　肉仔鸡饲养要因陋就简，不需要大

兴土木，建造钢筋混凝土房舍，可采用投资较小的塑料暖棚。水、电、药物的使用要合理，各种用具设备要注意维修，延长使用寿命，减少不必要的浪费，千方百计降低养鸡成本，从而增加收入。

第三章 鸡场建设及饲养工艺

一、场址的选择

无论是要建一个规模较大的养鸡场还是饲养量不大的鸡舍,基本都应遵循以下 4 个原则:地势高燥、交通方便、水电充足、防疫良好。

如果要新建一个养鸡场应选择一个地势高燥、土质良好、坐北朝南、背风向阳的地方,这样有利于冬季保温、四季通风、采光和排水。如果还想扩大规模,还应留有发展的余地。鸡场周围主路的交通要方便,道路要好,以方便鸡雏、饲料、垫料等物资的运进和肉鸡出栏以及粪便等的运出,如果交通不便或道路不好,在运输中将会造成较大的损失,影响养鸡经济效益。

水、电是养鸡生产中必备的条件,在选择鸡场时必须考虑该处电力是否能满足生产高峰时的需要。长时间的停电是不行的,尤其是育雏时鸡舍需要温度和光照,停电将造成鸡雏低温死亡。水质要清洁无污染,最好是深井水或消毒的自来水,未经消毒的河水、池塘水或含有过量氯离子的水,不能给鸡饮用。

在满足上述三项条件的同时还要考虑防疫条件是否合适,鸡场要离村庄或畜禽饲养场 1 000 米或更远的地方,以杜绝传染病的发生。个体养鸡户也不应将鸡舍设在过往人员频繁的区域内或生活区内，最好能有一定距离的隔离段，除饲养人员外，杜绝外人的出入。

二、鸡舍布局

肉鸡场(舍)的布局视饲养规模及条件而定，万只以上规模的大养鸡场，一般分4个区：生活区、生产区、隔离区和粪便处理区。

生活区：包括办公室、化验室、宿舍、仓库、食堂、车库等，生活区要考虑到既与外界联系方便，又与生产区联系方便，但要与生产区隔离，严禁非生产人员自由进入生产区。

生产区：包括鸡舍(育雏舍、育肥舍)、饲料间，其建筑应低于管理区，周围有围墙隔离。上风头建育雏舍，鸡舍间距应不低于25米，但实际生产中可能远达不到要求，一般舍间距在5米左右。生产区入口处应设消毒池和更衣室。进入生产区的任何人都要穿戴工作服、工作帽、工作鞋，谢绝外来人员参观。

隔离区：位于生产区和生活区之间，一般种鸡场需要设立隔离区，主要是加强防疫。为美化环境并调节场区小气候，隔离区内应做适当绿化。

鸡粪处理区：肉鸡场鸡粪量较大，清理鸡粪时必须走专设的粪道，设有贮粪场，经无害处理(高温发酵或技术处理)后作各种肥料或饲料。贮粪场应设置在远离管理区，低于生产区的下风向地方。

规模小的养鸡户也应合理规划好场区，尤其是鸡的粪便不能随便丢弃，应堆放在固定的地点，使之发酵。

三、鸡舍类型

肉鸡舍的类型与蛋鸡舍的大致相同,主要有:密闭式鸡舍、半开放式鸡舍、开放式鸡舍和简易鸡舍等。

肉鸡舍的结构和使用的材料等直接关系到舍内环境控制能力的强弱和方便程度,在很大程度上决定着肉鸡饲养成败。所以必须根据肉鸡生产的特点来设计建造或改进肉鸡舍。

1. 肉鸡舍要满足的条件

(1)肉鸡舍应有相当好的隔热保温性能。

①肉鸡育雏期,需要有较高较稳定的温度,并且在生长后期,为提高饲料利用率,也要求舍温能维持在 20℃左右。

②40 日龄以后的肉鸡不耐高温,特别是夏季的高温,对肉鸡的生长有很大影响,容易因为高温中暑而死亡。所以在建筑上要考虑隔热能力,特别是房顶结构,一定要设法减少夏季太阳辐射热的进入。

(2)肉鸡舍应该具有良好的通风换气能力。肉鸡饲养的后期,舍内环境控制的主要手段是通风换气。并且还要考虑肉鸡的地面平养的饲养特点。无论是采取自然通风还是机械通风,整个地面都要保持一定速度的均匀气流。采用机械纵向通风的方式是比较先进的方法,采用自然通风方式时,可在鸡舍的顶部设一直径为 50 厘米的带盖天窗,若鸡舍很长则可多开几个天窗,以便排出顶部废气。除一般的窗户外,每间鸡舍的前后在贴近地面处需设高 50 厘米、宽 70 厘米左右的地窗,以利于地面肉鸡生活层空间的通风换气。此外,窗上要安装能防老鼠和野鸟的铁丝网。

(3)肉鸡舍的设计还必须便于消毒防疫。饲养肉鸡,疫病的预防是个重要工作,根据肉鸡饲养全进全出的生产特点,鸡舍必须便于冲刷消毒。鸡舍地基应高出自然地面25厘米以上,舍内应有2°～3°的坡度,有条件的应该做成水泥地面,房顶和墙壁应该平整,尽可能地减少能沉积灰尘细菌等藏污纳垢的地方。舍外四周需要有25～30厘米深的排水沟并需硬化处理。

如果我们的肉鸡舍能满足控制微生物环境的需要,能满足前期育雏和后期生长对环境的要求。能克服昼夜温差和季节变动对舍内环境的影响,肉鸡的饲养成功就不再是困难的事了。

2. 鸡舍类型

(1)密闭式鸡舍。密闭式鸡舍的特点是房顶及四壁隔热、保温好,无窗,呈密闭状态。鸡舍内小气候完全靠各种设备调节,如机械通风、人工照明、人工供暖等。这种鸡舍的优点是能减少外界不良因素对鸡的应激,有利于先进的养鸡技术和防疫措施的实施,饲养密度大(每平方米可养15～18只),鸡群生产性能稳定,肉鸡出栏时均匀度较好。缺点是投资大,成本高,对机械、电力的依赖性大。资金雄厚的单位可以采用。

(2)半开放式鸡舍。半开放式鸡舍房顶及四壁为保温结构,特点是有窗户,大部分靠自然通风、自然光照,舍温随季节变化而升高或降低,机械或人工给水、给料。这种鸡舍的优点是:造价低,设备投资少,省电,鸡的体质较强;缺点是:外界环境因素对鸡群的生产性能影响大,肉仔鸡生长速度快的遗传潜力不能充分发挥。目前这种鸡舍在我国北方广为应用,特别是养肉鸡更为适宜。刚开始养鸡,资金不很充足的养鸡户可以采用这种鸡舍。不过要搞好鸡的卫生保健和防疫工作。

(3)开放式鸡舍。开放式鸡舍的特点是只有简易顶棚，四壁无墙(或只有矮墙)，用尼龙布或塑料薄膜遮盖。这种鸡舍类似种蔬菜的塑料大棚；另一种是三面有墙，南面无墙，顶棚一部分用砖瓦或抹泥后加油毡纸，另一部分用塑料布或玻璃遮盖，北墙及顶棚留通风窗。其特点是造价低，夏季通风好，节约电力。缺点是鸡群生产性能受环境的影响更大，因为这种鸡舍极其简易，保温性差，鸡舍内早晚温差变化较大，这对鸡的应激大，炎热的夏季容易从顶棚辐射进较强的热量，容易造成鸡舍高温、高湿，因此鸡的患病率较高。为防止高温及早晚气温过低，在鸡舍顶棚要盖上一层厚一点的草帘，以防寒隔热。这种鸡舍在北方只适宜5—10月份养鸡。而且使用年限较短。除非在养鸡资金极为短缺情况下采用，否则是不提倡的。

(4)简易鸡舍。从对肉鸡舍的要求来看，鸡舍并不是越简单越好，需要有一定的投入。只有在满足肉鸡生长基本条件的基础上才可以考虑降低鸡舍投资的问题。在华北地区完全用塑料大棚来饲养肉鸡，在夏季和冬季都是有相当困难的，并且塑料棚虽然一次性投资小，但使用年限很短，以单位投资的生产毛鸡计算不一定合算，所以还需要改进。

简易鸡舍跨度可在6～7米，房檐高1.8～2米，顶高3.5～3.8米。长度以每1 000只鸡15米计。屋顶可以铺上4厘米厚的泡沫塑料板，这样冬季能保暖，夏季也隔热。北墙可以用砖垒成单墙，每开间的墙上下都设一个高50厘米、宽60厘米的通风窗，通风窗不设窗框，垒成花墙，在育雏初期可用砖将花墙通风窗堵实，寒冷季节可在墙外再覆上塑料布。南墙可以用双层塑料布来替代，两层塑料布之间距离为25～30厘米。育雏初期通风时将内侧塑料布的上方和外侧塑料布的下方，掀开通风口，随日龄增加可以逐渐加大通风口面积,必要时可以完全去掉塑料布,南侧只用网拦住鸡即可。舍内可以用地炕或烟道取暖,火口可以设在北墙的外侧。

①低棚网上鸡舍。肉仔鸡低棚网上鸡舍的基本原理是创造一个适宜肉鸡正常生长的小气候条件,夏季可以防止阳光直射,有利于防暑。冬季保温好,可提高舍内温度,降低鸡体维持需要,提高饲料利用率。再通过良种及科学管理等配套技术措施,可以充分发挥肉鸡生产潜力,获得理想的经济效益。

棚高 2 米,围墙高 1.4 米,用土坯砌墙即可(有利于隔热、保温),用砖也可以,棚盖用油毡或稻草帘覆盖,棚山靠脊下留有通气窗,以利通风换气,冬季在舍内设火墙,保持相对恒温。低棚舍形状及面积大小,视鸡的饲养量自行决定。

地面用砖垫起 40 厘米高的砖垛,垛上铺用竹竿编成的网,竹竿网间隙 2.5 厘米,用圆竹竿最好。

应用低棚网上饲养肉鸡平均出栏日龄为 54 天左右,日增重 41 克,出栏平均体重 2.344 克,肉料比为 1∶2.29,饲料利用率比塑料大棚养肉鸡提高 13.5%,成活率达 95.02%,比塑料棚提高 2.75%。低棚网上鸡舍的优点:

a. 造价低,取材方便,简单易行。

b. 土墙壁,低棚舍,有利于冬避寒,夏避暑。

c. 棚舍内干燥,相对湿度小,约 65.15%。

d. 竹网代替金属网,不仅省钱而且安装方便,拆卸自如,可重复使用,有利于清扫和消毒。

e. 竹竿有弹性,圆滑不存粪便,适于肉鸡俯卧,胸肺和脚部疾病发生较少。

f. 舍内不铺垫料,鸡与粪便不接触减少感染疾病的机会。

②复合保温材料鸡舍。

a. 土建。鸡舍长 60 米，宽 10.5 米，棚顶距地面高 3 米，水泥地面，设有粪沟，一端设下水道，南北两面筑高 1.37 米砖墙，墙基用石头做成 30 厘米高，一面山墙有一砖木结构饲料间；另一面为拱形山墙，1 米高墙体上做 24 厘米×24 厘米圈梁，圈梁上每 1.2 米埋入钢制预埋件。

b. 屋顶。屋架采用 2 厘米钢管加 8 米钢筋焊成的普通塑料大棚骨架，焊接在圈梁预埋件上，骨架上沿舍长的平行方向，每 30 厘米拉结一根 8 号铁丝，上面覆盖一层塑料编织布，一层农用塑料布、一层用新型防水涂料两面黏结多层玻璃布的聚苯保温板，保温板用铁丝、垫片与大棚骨架固定，这样的建筑在保温、防雨、强度、寿命等几个方面都达到使用要求，并且工艺简单，安装、维修方便。

c. 通风。在南北两面墙体下沿，每隔 1 米开一个 30 厘米×10 厘米的通风孔，墙体外用半圆形水泥板盖成密封排风道，排风道上安装排风扇，并采用控温仪自动根据舍内温度控制风扇开闭。北方地区可按每只鸡每小时 9～15 立方米通风量，进风孔开在屋顶顶部，安装进风帽，这种通风方式新鲜空气从顶部进入，污气从鸡舍底部负压排出，又有排风道，可以在冬季开启不同数量风机的情况下都可保证全鸡舍均匀通风，大大改善了舍内通风条件。

d. 使用效果。冬季在适当通风条件下，舍外气温在 －20～15℃时，舍内可达到 12～18℃。舍外达 －24℃时，舍内最低温度为 8℃，由于通风量大，通风设计合理，夏季舍内温度不超过舍外温度，由于墙体低，屋架焊接在圈梁上，屋面为圆弧形，抗风力很强，屋顶上有多层玻璃布与防水涂料，完全可以解决防雨问题。通过实践，认为在 10 年内屋顶材料不会损坏，只需适时根据情况用防水涂料进行养护。由于屋顶为整体柔性轻型弧状结构，墙体低重量轻，所以房基可以很浅，不但降低了造价，而且具有很好的防震性能。

这种建筑饲养蛋鸡、肉鸡、猪、牛等皆可。

目前建一个普通肉鸡舍每平方米造价为200～250元，如果采用大棚鸡舍，可减少很多养鸡投资。

利用废旧房屋做鸡舍时，需注意增设窗户，改进通风状况，同时注意增强保温能力，清除鼠害等。

四、饲养方式及饲养工艺

1. 肉用仔鸡的饲养方式　由于肉用仔鸡的生物学特性与蛋用雏鸡有许多不同，如肉用仔鸡性情温驯，跳跃能力差；蛋用雏鸡活泼好动，喜好啄斗；肉用仔鸡生长快体重大，骨脆易折，胸骨容易弯曲，容易发生胸部囊肿。所以在饲养方式上，虽与蛋用雏鸡有不少共同点，但也有许多特殊性。这些特殊性都应以特别的重视，并在饲养方式上采取措施，以提高肉用仔鸡的产品合格率，提高经济效益。肉仔鸡的饲养方式大体上有3种：

(1)地面平养。肉鸡的饲养方式，最普遍的是采用厚垫料地面平养法。所谓地面平养就是将肉仔鸡养在铺有垫草的地面上。垫料的厚度为8～10厘米。用作垫料的种类很多：切短的稻草、玉米秸、稻壳、锯末、刨花、干草、树叶、炉灰、细沙皆可，也可混合使用。养鸡者可根据当地资源及价格等情况酌情选用。

这种饲养方法的优点是简便易行投资较少，投产快，胸部囊肿及腿病少。缺点是单位建筑面积的饲养量较少，清粪及运输垫草的工作量大，由于鸡直接接触鸡粪及饮水污染

过的垫料，容易感染由粪便传播的各种疾病，舍内空气中的尘埃也较多，容易发生慢性呼吸道病和大肠杆菌病等。球虫病难以控制，药品和垫草费用较多，此方法适用于一般农户。

平养的地面最好要铺成水泥地面，这样在清粪及消毒时比较方便。另外，如果用稻草做垫料时，最后的稻草鸡粪中没有泥土，可加工成牛的饲料。因此，地面平养鸡一定注意垫料的质量。发霉、变质或已被污染过的垫料不能用，也不能太长，以 5 厘米左右为宜，局部垫料潮湿一定要注意更换，为保持垫料的干燥，一定要注意通风，选用质量好的饮水器，不能漏水，而且高度应与鸡背相同。

地面平养很重要的是要选好垫料和垫料的管理工作。良好的垫料应该满足以下要求：

①比较松软、干燥。

②有良好的吸水性和释水性，既能容纳鸡排出的粪尿中的大量水分，又比较容易随通风换气释放水分。

③灰尘少，不起烟。

④无病原微生物污染，无霉变。

各种垫料的容水量见表 1。

表 1　各种垫料的容水量

垫料名称	100 克垫料中可容纳水分(毫升)
松木刨花	190
松木锯末	102
稻壳	171
花生壳	203
玉米芯	123
碎麦秸	275

常用来作垫料的原料有：

①木刨花：可在育雏期使用。

②锯末：在育雏初期容易被雏鸡误食，所以在初期一定要用垫纸封严锯末。

③稻壳、花生壳：花生壳比较粗硬，需压制后再使用，最好在3周龄以后再使用。

④麦秸、稻草秸、玉米秸：必须铡成3～6厘米长的小段，否则肉鸡自身不能翻动，粪便都积在表面，失去了垫料的作用。

⑤玉米芯：是较好的垫料，但需打碎后使用。

⑥河沙、海沙：要求沙粒较大些，可以在夏季使用，也可以铺在一般的垫料下层使用。

垫料在鸡舍熏蒸消毒前铺好，进雏前先在垫料上铺上报纸，以便雏鸡活动和防止雏鸡误食垫料。在垫料的日常管理中，应注意育雏初期要防止垫料过干起灰，垫料含水25%以下时容易起灰，所以前期可以用喷消毒药的方法防止垫料过干。后期主要是要防止垫料过湿结块，及时将水槽料槽周围的潮湿垫料取出更换，避免环境越来越恶化，同时要加强通风换气，要注意及时补充和更换过湿结块的垫料，还要加强垫草的日常管理，要求垫平，厚度大体一致，不能露出地面。注意防止垫草表面粪便结块，勤翻垫料，适当地用耙齿将垫料抖一抖，使鸡粪落在下层，以保持垫料的松软干燥。肉鸡出场后将粪便和垫料一次清除。此外，还要注意用火安全。

(2)网上平养。这种方式和蛋鸡网上散养基本一样，主要特点是在金属地板网上再铺一层弹性塑料方眼网，这种网柔软有弹性，肉用仔鸡在这种网上活动，可减少腿病和胸部囊肿的发病率，提高商品合格率。这种方式可减少肉用仔鸡与鸡粪的接触，减少消化道疾病和寄生虫病感染机会，特别是对球虫病控制效果显著。

近年，也有不少农民采取网上平养的方式养肉鸡，把鸡养在铺有竹条、木板条或金属网的架子上。架子或高床距离地面60～70厘米，如鸡在床上生活，鸡粪从网隙掉下。这种饲养方式使鸡与粪污隔离，减少发病机会，又节省了日常清粪工作，节约了人力，同时鸡粪又能及时回收，提高了养鸡的经济效益。有些养鸡户使用很细的竹竿，或很细的木板条做床面，很不稳。鸡走在上面得不到一定的支撑力，腿部得不到锻炼，肉鸡体重又大，腿部支撑全身的能力不够，时间久了，就造成部分鸡瘫痪，另外，有的网床上有竹刺或木刺，容易刺破鸡的脚趾，造成脚趾炎、脚垫溃疡；还有的网床过硬，肉鸡经常趴卧，很容易将胸部磨破，继之形成胸部囊肿。上述这些都影响肉鸡的出栏率，降低养鸡经济效益。这也是网上平养的弊端，但只要我们在制造网床时多加注意则这些问题是可以避免的。

网上平养适用于1.75～2千克就出售的肉鸡的饲养。由于垫网比较硬，如果让肉鸡体重长到2.5千克以上，腿病和胸部囊肿的发生率就比较高。另外这种饲养方式，要求使用较多的料桶和饮水器，让鸡稍走几步即能有吃有喝，不然，肉鸡因为在网上行动不便而减少采食量，结果肉鸡的架子与地面平养的一样大，最后体重可能小于地面平养时的肉鸡。一种比较好的方式是在网上养到30日龄后，就地转成地面平养。

网上平养的优点是减少了肉鸡和粪便接触的机会，减少了呼吸道病、球虫病和大肠杆菌病等的发病率，明显地提高了成功率。另一个好处是能获得很纯的鸡粪，新鲜的肉鸡粪经发酵后喂猪，在猪饲料中添加15％～25％效果是比较好的，因为粪便能及时清走，舍内的氨气和尘埃量也少。利于肉鸡的生长，也便于饲养管理。

网上平养的缺点是瘫痪、脚病及胸部囊肿的发生率较高，造成残次鸡较多，这主要是因为网质量差的原因。这种方式不太适合肉鸡的后期饲养，并且投资较高。

(3)笼养。肉用仔鸡的笼养，早在20世纪70年代初期西方国家就已经出现，经过十几年的探索，也有相当的进展，但使用仍不普遍。主要原因是笼养肉用仔鸡患胸部囊肿严重，影响商品鸡的合格率。笼养就是将肉仔鸡养在特别的笼子里。饲养密度也比平养大，每平方米可养18～20只。管理方便，饲料几乎无浪费，与其他饲养方式相比，饲料成本可降低3%～7%，从而提高了饲料报酬，疫病控制也比较容易。

肉仔鸡笼养是今后国内外肉鸡生产的发展趋势。目前在我国一些地方还难以普及。但是，有条件的养鸡单位最好采取这种方式。近年来生产出的具有弹性的塑料笼底，使肉用仔鸡的胸部囊肿发生率大为减少，笼养肉仔鸡的优势得以发挥。

各种网面与胸部囊肿的发生率的情况见表2。

表2　各种网面与胸部囊肿的发生率　　%

网面种类	厚垫草	塑料板条网	涂塑金属网
胸部囊肿的发生率	6.71	17.6	61.7

笼养肉鸡优点主要表现为：①单位面积鸡舍的利用率高，大约是平养的2倍，即增加饲养密度1倍左右，更有效地提高鸡舍利用率；②可提高饲料效率5%～10%，降低总成本3%～7%；③减少各种疾病的发生，节省投药的费用；

④不需垫料，节省垫料成本和运输垫料的开支；⑤提高劳动效率；⑥便于公母分群饲养，实行更科学的管理，加快增重速度。

笼养的缺点是一次性投资较大，成本高，要求有性能良好的弹性塑料笼，体重越大，胸部炎症的发生率越高。

2. 饲养工艺

(1)取暖方式的选择。肉鸡饲养离不开取暖，育雏舍温度不稳定就会导致饲养肉鸡的失败。使用电能或煤气全自动控温固然很好，但费用过大还很难普及推广。对农民来说比较实用的是烧煤取暖育雏。可以用火炕、地炕、烟道和火墙等方式来取暖，火口最好设在舍外，不让煤燃烧时消耗舍内氧气，这样用较少的换气量，就可以维持舍内空气的新鲜。另外，为了节省煤，可以在舍内采取局部取暖的方式，用简易塑料小棚罩在加热设施上，塑料小棚下方留出 8～10 厘米高的通路，以便雏鸡进出，棚高 1.2 米左右即可，顶部可开一小口，以便棚内外空气循环，内设一灯泡吸引雏鸡。一般以 500～1 000 只雏鸡设一个棚，棚内面积以每只鸡 50 平方厘米计算。棚内为肉雏休息的场所，要求温度达到33～35℃，棚外是肉雏鸡饮食活动的场所，能维持在 24℃以上就可以了，这种方式培育的肉鸡对温度变化的适应能力较强。也可以用煤炉取暖，但效果不如以上方法。最不好的方法是用砖砌的敞口大炉子，热气和煤气等有害气体都充满鸡舍。有条件的农民也可以采取土暖气来育雏，舍内比较卫生，温度稳定，育雏的成功率也较高。

(2)肉鸡饲养需要的设备用具。

①饮水器。育雏用真空饮水器每 50 只鸡 1 个，若是装量为 10 千克的真空饮水器则可每 80 只鸡 1 个，或每 80 只鸡提供 1 个再生塑料盆，注意塑料盆边沿每 6 厘米烫一小

孔,穿上粗铁丝做成护栏。这样养 1 000 只鸡需准备 20 个小饮水器和 15 个大饮水器。

②料桶。开食时可以直接将料撒在报纸上或塑料布上,塑料布每半天更换清洗消毒 1 次,晾干后再用,1 周后用料桶,每 35 只肉鸡用 1 个装量为 10 千克左右的大号料桶或 1 个简易料盆。养 1 000 只鸡需准备 30 个料桶或料盆。

③取暖设备。每 1 000 只鸡需砌 1～2 个火墙或烟道,或 2～3 个煤炉。地面垫料的饲养方式大多采取保温伞取暖。伞的边缘离地高度等于鸡背高的 2 倍,鸡能在保温伞下自由进出,以选择最适当的温度。在保温伞的周围一定范围内,用拦网或挡板或 50～60 厘米高的苇席设制围栏,围成小圈,也就是暂时将雏鸡隔成若干小群。在保温伞周围放料槽和饮水器。随着鸡日龄增大,保温伞可以升高,围栏可以拆去。每个直径 2 米的保温伞可育肉用雏鸡 500 只。

④网养设备。每养 1 000 只肉鸡需要 35 千克规格为 3# 的塑料平网。

⑤干湿温度计。每 500 只鸡 1 个。

⑥光照设施。每 15～20 平方米的面积设一灯头,备用 1 个 15 瓦和 40 瓦的灯泡。每千只鸡安装 8 个灯头,备用 8 个 40 瓦灯泡和 15 瓦灯泡。

⑦护围。其作用是在最初几天避免雏鸡跑散,使雏鸡接近热源,护围约 45 厘米高,设置时离加热源 80～150 厘米,随雏鸡日龄增加而逐渐扩大护围面积,至 10 日龄后撤去。护围一般使用网孔 1 厘米的金属网;冬季为了减少气流对雏鸡的影响,可在两层金属网中夹上一层报纸后使用。

⑧其他设备。如喷雾器,塑料桶、小勺、料撮等若干。

第四章　肉鸡的饲料与营养

一、常用饲料的特点及营养成分

1. 能量饲料　能量饲料主要指禾本科的谷实饲料和它们的磨粉工业的副产品。块根、块茎和其加工的副产品，以及动植物油脂和糖蜜。

(1)谷实类饲料。谷实类饲料主要来源于禾本科植物的子实，在畜牧饲养中，所需量非常大，在猪鸡日粮中占50%～75%，在我国畜牧生产中常用子实饲料有玉米、高粱、小麦和稻谷等。

谷实类饲料的营养特点：

干物质中无氮浸出物含65%～75%，粗纤维含量一般在3%～4%以下，灰分2%～4%，消化率高，可利用的能量高于其他能量饲料。粗蛋白质含8%～12%，蛋白质品质比较差，赖氨酸、色氨酸和苏氨酸含量较低，不能满足家畜的需要，对家禽来说，蛋氨酸也是一种限制性氨基酸，所以能量饲料中无论是蛋白质的含量还是几种必需氨基酸，均不能满足家畜的需要，一定要和蛋白质饲料配合使用。脂肪的含量仅为2%左右，脂肪存在于种子的胚芽中，玉米胚芽的油脂含量高于其他的谷实饲料。谷实类饲料中钙的含量比磷的含量要少得多，这是能量饲料的特点，这是规律，而且磷以植酸盐形式存在，猪、鸡对其的利用率较低。维生素B_1(硫胺素)和维生素E含量较丰富，除黄玉米之外，都缺乏胡萝卜素和维生素D。

几种常用谷实类饲料的特点：

①玉米。我国东北、西北、华北等地区盛产玉米，大部分用作饲料。在谷实类饲料中，可说玉米的产量最高。

玉米中所含的可利用能值均大于谷实类中任何一种饲料，所以在美国称玉米为“饲料大王”。由于玉米种类的不同，其含各种营养物质的差别较大，不同国家、不同地区、不同品种都有较大的差别。在谷实类饲料中可说玉米粗蛋白质的含量最低，而且蛋白质的含量差别也大，平均粗蛋白质为8%，由于玉米在日粮中的比例很大，玉米中的蛋白含量偏高或偏低，会直接影响到日粮中蛋白质水平。玉米子实中含蛋白质50%以上，以玉米蛋白形式存在于胚乳中。蛋白质中有几种必需氨基酸含量较低，特别是赖氨酸和色氨酸。含粗纤维约2%，含淀粉很多，易于消化吸收，所以称为高能量饲料。每千克玉米中的代谢能值，鸡为13 778千焦，玉米中钙的含量为0.02%左右，磷的含量虽比钙高，但对单胃动物来说利用率很低。玉米中脂肪含量高于其他谷实类饲料，脂肪存在于玉米子实的胚芽中，脂肪中含不饱和脂肪酸量很高，因而粉碎后的玉米粉，易于酸败变质，不宜长期保存。黄玉米中含有胡萝卜素和叶黄素，有益于蛋黄、脚和皮的着色。维生素E含量较高，但B族维生素中，除了维生素B_1丰富之外，其他B族维生素含量很低，玉米中不含维生素D。

玉米在畜禽日粮中的用量不受限制，只要按猪禽饲养标准中满足蛋白质和钙、磷的水平之外，能量饲料全部可用玉米来解决，在鸡日粮中玉米占50%～75%。

使用过程中，还应当注意玉米发霉，玉米霉变成分中黄曲霉的含量较高，而很低量的黄曲霉（大于5μg/kg）也会

给生产带来影响。同时，在新玉米下来后，有的人为了降低成本，使用水分含量较多的玉米进行生产，造成采食量较大而其他营养成分采食不均衡，对生产也造成一定影响。

②高粱。高粱的品种很多。去皮高粱的组成与玉米相似，消化能和代谢能仅次于玉米，能值相当于玉米的90%～95%，由于玉米能值在谷实饲料含量最高，而且搭配比例和消耗量也最大，因此，各种谷实类饲料能值与玉米来比较、以玉米能值为100。因高粱品种不同，蛋白质的含量差别很大，低的为8%，高的达16%，平均为10%。高粱的种皮部分含有单宁，具有苦涩味，影响家畜的适口性。单宁含量因品种而异，色深的高粱含单宁高，一般含量为0.2%～2.0%，如单宁含量超过1.0%时，会降低鸡对高粱的消化利用。赖氨酸和苏氨酸含量较低，如以高粱为主的猪日粮中，其限制氨基酸为赖氨酸和苏氨酸。含钙少，含磷多。胡萝卜素很少，B族维生素含量和玉米相似，烟酸含量较多。

用高粱喂鸡，在日粮中不宜超过25%，因适口性较差，破碎或整喂均可以。总的来说，高粱用作饲料的量不大，尽量不要用以高粱为主的日粮。

高粱普遍存在两个品种：红高粱和白高粱，相对来讲，白高粱的单宁含量较低，在饲料中的用量可较高。

③小麦。我国种植小麦的地区很广，是重要的粮食，大多数小麦用于人类食用，很少直接用作饲料。每千克小麦价格要高于玉米，但从总的营养价值上来比，与玉米相似。但禽类对小麦的利用率较低，其饲养值约为玉米能值的90%，蛋白质含量为13%，有个别的新品种，蛋白质含量达22%。其氨基酸组成优于其他谷物类饲料。用小麦作为饲料时，不适宜大量饲喂，用量过大，会引起消化障碍，特别是对反刍动物更要注意。通常用量最好不超过混合精料的

50%。饲喂家畜时,应碾碎或粉碎。

最近两年,随着酶制剂的研究与开发,含有β-葡聚糖酶和木聚糖酶为主的适应小麦日粮的酶制剂和添加剂越来越多,为小麦在蛋鸡、肉鸡饲料中的应用奠定了基础,德佳牧业(2001)的试验证明使用全小麦日粮也可达到与玉米同等效果的生产水平。需要注意的是,小麦的粉碎不能太细,不能发霉,同时使用小麦量较大的日粮一定要注意生物素的补充。更换日粮时,一定要逐步更换。

④稻谷和糙大米。稻谷与燕麦相似,种子外壳粗硬、粗纤维含量约为10%,有用能值低于玉米,与燕麦的能值相似。稻谷蛋白质约为8%。赖氨酸和含硫氨基酸都较低。去掉壳的稻谷称糙大米,它的粗纤维含量为2%,蛋白质为8%,糙大米的营养价值比稻谷高,它的消化率和能量与玉米相似。稻谷喂鸡时,因粗纤维含量较多,应有一定的限度。糙大米喂鸡饲喂值几乎和玉米相同,碎米和糙米有相同的饲喂价值,碎米的蛋白质含量比大米略高。

玉米在谷实类饲料中能量值最高,其他谷实类饲料均低于玉米。

(2)谷物子实类的加工副产品。谷物类饲料中大部分的谷实可直接饲喂家畜,但大部分谷实通过加工,供人类的食品在加工过程中,产生大量的副产品,在通常情况下,副产品对人类食用价值不大,均能够广泛的用作家畜的饲料,粮食加工业所产的副产品,用作饲料的有面粉加工业中所产生的麦麸,稻谷加工中所产生的糠,现在人们称粮食加工生产的副产品为糠麸类饲料,除了麦麸、米糠之外,还有玉米糠、高粱糠、小米糠。糠麸类饲料中主要是谷实的种皮、糊粉层和少量的胚乳和胚的部分。糠麸饲料的营养值,由于加工的深度不同差别较大。一般说来,糠麸类饲料中含粗纤维量

比原粮要高，粗纤维含量为 9%～14%，蛋白质的含量为 12%～15%，粗灰分含量高于原粮，钙、磷比例不平衡，含磷量特别高，一般约含 1%，糠麸中的磷，均以植酸磷的形式存在，对单胃动物来说，利用率较低，B 族维生素含量高，特别是维生素 B_1。

①小麦麸。人们称它为麸皮，是面粉工业的副产品，是小麦加工成面粉过程中的产品。麸皮的营养值因加工工艺的不同，差别甚大。小麦子实中，胚乳占小麦子实重的 85%，种皮、糊粉层占 13%，麦胚为 2%。在面粉生产过程中，不是全部胚乳转入到面粉中，所以麸皮主要由种皮和糊粉层以及少量的胚和胚乳组成。小麦加工成上等面粉（北京称为富强面粉）每 100 千克小麦可生产面粉 70 千克，麦麸 30 千克，这种麦麸营养价值较高。生产标准粉时，麦麸产量较少，仅为 19%，麦麸中胚乳和胚的成分少，绝大部分是种皮和糊粉层，营养价值较低。

麸皮含粗纤维较高，一般为 8.5%～12%，平均为 9%，无氮浸出物约为 58%，因而营养价值较低，每千克中含有用能值，鸡用代谢能为 6 572 千焦，猪消化能为 11 093 千焦。从各种家畜对麸皮能值利用来看，鸡最差，猪、牛较好。粗蛋白质含量一般在 13%～15%之间，比小麦的蛋白质含量高，由于在加工面粉的过程中，胚的成分大部分存在麸皮中，所以麸皮中蛋白质含量有所提高，赖氨酸的含量较高，约为 0.67%，但蛋氨酸的含量很低，约为 0.11%。B 族维生素含量丰富，因为 B 族维生素主要存在于胚芽和糊粉层中，如核黄素含量为 3.5 毫克/千克。磷的含量很高，为 1% 左右。麸皮具有比重轻、体积大的特点，常可用来调节日粮中的能量浓度。由于麸皮吸水性强，如果干饲大量麸皮时，会造成便秘，应用时要特别注意，在蛋雏鸡日粮占 3%～

5%,13～20 周龄的后备母鸡日粮中可配 15%～20%,蛋鸡日粮约 5%。

②米糠。米糠是稻谷加工成大米时分离出来的种皮、糊粉层和胚 3 种物质的混合物,米糠中并不包括稻壳。米糠的营养价值视大米加工精度不同而不同,大米加工越白,出糠率越高。一般每 100 千克稻谷出糠 6～8 千克,生产糙米过程中生产米糠为 7 千克,出米 70～72 千克,出砻糠(稻壳)22 千克。

米糠中含粗灰分 11.9%,粗纤维 13.7%,是能量饲料中含灰分和粗纤维较高的一种,无氮浸出物小于 50%。米糠中蛋白质和脂肪的含量高于稻谷,粗蛋白含量为13.8%,脂肪为 14.4%。米糠中含消化能 12 558～13 395 千焦/千克,牛为 11 930 千焦/千克,粗脂肪中含不饱和脂肪酸较高,因此,易酸败,不易贮藏,在夏天,更难保存。米糠中赖氨酸和核黄素含量较高。米糠中钙、磷比例与麸皮相似,磷高钙低,两者的比例约为 1∶15,比麸皮中钙、磷比例相差更大。

砻糠是稻谷外面的一层坚硬的壳,含蛋白质 3%,粗脂肪 1.15%,粗纤维 46%,无氮浸出物 28%,无氮浸出物中,大部分是木质素、半纤维素、纤维素,含糖很少,灰分含量为21%,灰分中主要成分是硅酸盐,严重影响钙、磷的吸收。砻糖的消化率很低,有人报道猪的消化率为 6%,也有人报道是负结果。一般不能作为饲料原料使用。

刚出厂的米糠,适口性较好,在畜禽日粮中可适当的配合。我国南方产米区,米糠是猪饲料的主要来源,猪日粮中可搭配 15%～30%,如果超过此量,会导致仔猪拉稀等病。在鸡的日粮中,雏鸡喂量 5%～8%,蛋鸡日粮中可作能量的调配饲料,用量在 5%～10%。

米糠在肉鸡日粮中基本不用。

(3)脂肪。在日粮中加入少量的脂肪，除了作为脂溶性维生素的载体之外，还有以下功能：

①提高日粮中的能量浓度，可提高家畜的每日能量的采食量，在仔猪的补料和肉用仔鸡日粮中可加3%～5%脂肪，可提高肉鸡的日增重。日粮中添加过量的脂肪，会引起每日采食量的下降。在日粮中加入脂肪的同时，应相应提高日粮中其他营养物质的浓度，例如，增加维生素E的添加量，钙的水平等也应提高。

②控制灰尘，日粮中加入脂肪后可减少灰尘，可减少饲料的浪费。

③可降低饲料混合机械设备的磨损，提高设备的利用率。

④促进颗粒饲料的成型。

⑤有助于饲料的均匀和稳定饲料的添加剂，尤其是那些很细颗粒体积的添加剂。

目前，脂肪的添加途径有两个：一是直接添加各种油脂，如豆油、玉米油、菜子油、棕榈油等；二是添加膨化大豆、大豆磷脂等脂肪含量较高的原料。

大豆磷脂除能提供能量物质外，对免疫系统具有独特的作用：

①磷脂是肝脏向外运输脂肪所需载体脂蛋白必不可少的物质，增强脂蛋白的脂肪运输能力，减轻脂肪沉积，从而防治脂肪肝，保护肝脏。

②其乳化作用有助于脂肪的消化、吸收、转运，还能修复肝细胞，促进肝细胞再生，添加磷脂后，动物的肝脏明显增大。

③提供很好的动物免疫系统活力，增强免疫力。

④有效巩固呼吸道黏膜的完整性，增强对呼吸道疾病的抵抗力。

⑤提高断奶仔猪对脂肪和脂溶性维生素及其他营养成分的吸收，从而消除因消化不良而导致的腹泻。

⑥对蛋鸡遭禽病而引起的产蛋下降，磷脂可迅速恢复卵巢的功能，从而使产蛋率得以回升5%～10%。

从目前国内市场价格来说，蛋鸡饲料添加脂肪是不合算的。但在环境温度高于33℃，添加油脂能够提高采食量，降低热应激，最终提高蛋鸡的产蛋水平。

2. 蛋白质饲料　蛋白质饲料在日粮中的用量比能量饲料少得多，一般在日粮中占10%～28%，但蛋白质饲料是生产中关键性的饲料，日粮中蛋白质水平的不足会影响幼畜的生长和增重速度，也会影响繁殖家畜和泌乳家畜的生产性能。一般饲料中含蛋白质在20%以上者，称为蛋白质饲料。蛋白质饲料可分为植物性蛋白质饲料和动物性蛋白质饲料。

(1)植物性蛋白质饲料。饼、粕类饲料首先是油类子实提取油后的残余部分，在畜牧生产中用量最大的为豆饼、粕和棉仁饼、粕；其次是菜子饼、粕，芝麻饼、粕，花生饼、粕，大城市附近还有玉米胚芽饼等。在我国南方还有椰子饼和棕榈饼，北方有向日葵饼、胡麻饼等，均属油饼类饲料。

油饼类的生产工艺主要有两种：即压榨法和浸提法，也有油料子实先压榨后再浸提。一般浸提法提取油料子实过程中，采用的温度比较低，也无高压。而压榨法，通过对油料子实的高温高压的工艺。由于加工工艺的不同，提取后残渣所含的能量和蛋白质的量有所差别。

①不同加工工艺对油饼类饲料中营养物质的影响。一般说来，油料子实通过冷榨或螺旋压榨法提取油后的残渣，

形状成圆形，俗称饼。通过用溶剂直接浸提或先压榨后再浸提油的残渣，俗称粕。

由于加工工艺不同，残渣中残留的油量也有差别，压榨法取得残渣——饼中油的含量较高，为5%～7%。浸提法或压榨后再浸提后的粕中含脂量要少，为1%左右。由于饼、粕类饲料中脂肪的含量不一，其含的能值也有差别，含脂肪多的饼类，所含能量值高于粕的能值，例如，豆饼，用于鸡的代谢能为11 051千焦/千克，而粕为10 298千焦/千克，各种饼粕饲料均有相似规律。除了能值之外，饼类饲料中蛋白质含量均低于粕类饲料中的含量，如豆饼的蛋白质含量为41%，豆粕中为45%。

高温高压过程，常常导致某些蛋白质变性，特别是对植物蛋白质中赖氨酸、精氨酸损害很大，蛋氨酸也受到破坏，从而使蛋白质的消化率和蛋白质生物学价值降低，这种情况在棉子和花生的榨油过程中容易发生。但是，在大豆榨油过程中，适宜的高温高压却可提高蛋白质的消化率。生大豆蒸煮后，蛋白质消化率从83%升到90%。

在压榨或浸提法的工艺过程中，加热程度会影响到所生产的油饼类的营养价值。由于加热，可使一些油料子中不耐热的非营养性因素失去活性，因而可改善油饼类的饲用价值，例如，大豆中所含的抗胰蛋白酶，棉子中的游离棉酚、菜子中的硫葡萄糖苷和芥子酶等物质，加热后部分有害因素可能失去活性，从而降低毒性，一些有毒物质破坏程度，受加热温度的高低，时间的长短有较大的变化。

②几种饼粕类饲料的营养特点。

a. 大豆饼、粕。豆饼、粕是我国畜牧生产中主要的植物性蛋白质饲料的来源，也是世界上最主要的蛋白质饲料，它约占饼、粕类饲料的70%。

因大豆榨油加工方法的不一,其营养值有差异。一般蛋白质含量为40%~50%,豆饼、粕的蛋白质含量为39%~45%,浸提或去皮的饼粕的蛋白质含量大于44%,我国生产豆饼、粕一般不去皮。蛋白质品质较好,约含赖氨酸2.5%,其含量低于鱼粉,但高于其他的饼、粕类饲料。蛋氨酸含量低,不能满足家畜的需要,粗纤维为5%,灰分6%,钙、磷含量与谷物类饲料比较要高得多,钙含量要比玉米高10倍,磷高2倍,但豆饼、粕中磷有50%~70%以植酸磷形式存在,而猪、鸡对植酸磷的利用率很低。

大豆饼、粕中的蛋白质和赖氨酸的利用率,受加工过程中加热温度高低和时间长短有很大的影响,加热不足会降低蛋白质和赖氨酸利用率,加热过度也会降低利用率,因为加热过度使氨基酸和单糖结合,形成不能被利用的化合物,从而妨碍了动物的消化吸收。赖氨酸对热比其他氨基酸更敏感。

在生豆中含有抗胰蛋白酶、皂角素、尿素酶等有害物质。在榨油过程中,加热不良的大豆饼、粕含上述的物质较多,会影响蛋白质的利用。

鉴别大豆饼、粕的热处理是否完全,一般可采用以下方法。

定性:在褐色瓶中放10汤匙大豆粕与1汤匙尿素,经充分搅拌后,加入5汤匙水,再搅拌后密闭瓶口,将瓶放置15~20分钟,打开瓶塞,如闻到氨气味,证明加热不完全。

尿素酶的快速测定法:取0.2克豆饼、粕粉,置于试管中、加入0.02克的结晶尿素,并加2滴酚红(phenolred)指示剂,加蒸馏水20~30毫升,振荡,观察试管内溶液呈显红色的时间,如果10分钟内不呈显粉红色或红色的豆饼或粕粉即认为是合格豆饼或粕。观察标准如下:

1 分钟内显色者	活力很强
1～5 分钟内显色者	活力强
5～15 分钟内显色者	有点活力
15～30 分钟内显色者	没有活力

b. 棉仁饼粕。棉子经脱壳之后压榨或浸提后的残渣。蛋白质含量由于品种和加工的工艺不同而有变化，一般蛋白质含 33%～40%，未去壳的棉子饼蛋白质含量为 24%，即使是脱壳的棉仁饼也由于脱壳程度不同而不一样，全部去壳的棉仁饼可达 46%。棉仁饼蛋白质像其他植物性蛋白质一样，赖氨酸的含量低于豆饼、粕，蛋氨酸含量低，加热的程度会影响到蛋白质的利用，加热过度，有 10%～35%赖氨酸不能被利用。棉仁饼中有用能的含量较豆饼、粕低，代谢能在 7 116～9 209 千焦/千克，由于粗纤维含量较高和棉酚妨碍了蛋白质和碳水化合物的消化吸收。棉仁饼的饲用价值，除了取决于赖氨酸的含量之外，还要看碱溶性氮和游离棉酚的含量。

在棉子内，含有对家畜健康有害的物质——棉酚和环丙烯脂肪酸。棉酚是一种黄色的多酚色素，存在于种子的腺体内，它是腺体主要色素，占总色素重的 95%。在棉仁饼内大部分棉酚和蛋白质及棉子的其他成分相结合，只有小部分以游离形式存在。生棉子中游离棉酚的含量依棉花品种、栽培环境不同而不同，其含量在 0.4%～1.4%之间。棉子在提取油过程中部分的棉酚可被排除，最低的游离棉酚含量达 0.01%，高者可达 0.6%，甚至 0.9%。

一般游离棉酚中毒的畜禽表现为，采食量减少，呼吸困难，严重水肿，体重减轻，以致死亡。一般游离棉酚中毒是慢性中毒可导致肝细胞坏死，肝变质，心肌损伤和心脏扩大等病变。在生产中，一般看不到上述症状，日粮中棉子饼用量过多时会造成增重慢，饲料报酬低。日粮中游离棉酚含量不超过0.02%时，对母鸡产蛋率、蛋重及进食量均无明显的影响，但对鸡蛋的品质有影响，饲喂棉仁饼以后所产的蛋经一个时期的冷藏，往往蛋黄变为淡绿至黑褐色，蛋白呈粉红色，蛋黄膨大黏稠度也有改变，因此降低了商品蛋的品质。这个变化主要由于棉酚和蛋黄中铁质反应生成复合物。蛋白的变色一般认为是由环丙烯类脂肪酸所引起的，曾观察到日粮中含有25毫克/千克游离酚时，蛋黄没有变色现象，如果增加到50毫克/千克就会变色。

在畜牧生产中切实可行防止棉仁饼中毒的方法是在棉仁饼日粮中添喂铁剂，铁的化合物可用作棉酚的解毒剂，通常在日粮中补加硫酸亚铁，使铁与棉酚结合成复合物，可使内脏中蓄积的棉子毒素减少。日粮中铁的用量，一般铁和游离棉酚的比例为1∶4。补铁情况下，即使日粮中棉酚含量为0.04%时，仍可使猪不中毒。

c. 菜子饼粕。含蛋白质36%～38%，赖氨酸含量比豆饼、粕低50%，含硫氨基酸高于豆饼、粕14%，粗纤维含量为12%，无氮浸出物约30%，有机物质消化率约为70%。用菜子饼喂猪，其消化能和代谢能值分别为11 721千焦/千克和11 302千焦/千克，用以喂鸡的代谢能7 116～8 456千焦/千克，由于菜子的品种不同，其能量值差别很大。菜子饼所含B族维生素，除了泛酸之外，其他均高于豆饼、粕。

菜子饼中含有硫葡萄糖苷，其本身无毒性，但它在中性条件下，在菜子中存在的芥子酶的作用下，水解产生异硫氰酸盐和噁唑硫烷酮等有害物质，对动物甲状腺和肝脏有较大的毒害，使甲状腺肿大，影响能量的代谢，限制了菜子粕在鸡饲料中的应用。

蛋鸡日粮中用量不应超过5%，如用10%时，蛋鸡死亡率增加，产蛋率、蛋重及哈氏单位下降，甲状腺明显增大。菜子饼饲喂蛋鸡会使蛋带鱼腥味，可能与蛋中存在一种三甲胺化合物有关，这种情况出现在褐壳蛋的蛋鸡中，产白壳蛋的产蛋鸡采食菜子饼后蛋中无鱼腥味。

d. 花生饼粕。目前，我国市场上所见的花生饼，大部分是去壳后榨油的，或带少量的壳，一般粗纤维含量小于7%，习惯上称花生仁饼。带壳榨油的花生饼粗纤维含量约为15%，含蛋白质较少。

花生仁饼的蛋白质含量为38%～43%，赖氨酸含量少，含1.5%～2.1%，蛋氨酸含量也少，其饲用价值仅次于豆饼、粕。花生饼适口性好，是优良的饼类饲料，由于赖氨酸和蛋氨酸含量少，在猪、鸡日粮中不宜做惟一的蛋白饲料的来源，应与豆饼、粕、鱼粉搭配使用，效果更佳。

花生仁饼在贮藏过程中最易感染黄曲霉，而会产生黄曲霉毒素，导致鸡、鸭、火鸡中毒，发生肝、肾肥大，甚至死亡，在花生仁饼上产生的黄曲霉毒素，即使经蒸煮也不能消除其毒性。

e. 亚麻饼粕，又称胡麻饼。亚麻子产于我国的东北和西北，亚麻饼的蛋白质含量为34%～38%，赖氨酸含量低，为1.2%～1.4%，粗纤维含量为7%、含钙0.4%、磷0.83%，含核黄素和烟酸较多。

未成熟的亚麻种子含有亚麻配糖体和亚麻酶，在pH 5，40～50℃时，并且有水存在的条件下，亚麻配糖体在亚麻酶的作用下分解形成氢氰酸，氢氰酸是有毒物质，但在亚麻子榨油过程中可使亚麻酶失去活性，因而在家畜饲料中使用没什么问题。

亚麻饼含有黏性物质，可吸收大量水分而膨胀，从而可使饲料在反刍动物的瘤胃内停留较长时间，以利于饲料的利用。黏性物质对肠胃黏膜起保护作用,润滑肠壁,防止便秘。

胡麻饼对乳牛、肉牛和马是一种优质的饲料,也可饲喂猪、鸡,但日粮中饲喂过多,可使畜体脂和乳脂变软。由于亚麻饼中赖氨酸和蛋氨酸含量较低,应和其他饼类饲料配合使用,以使其使用效果更好。另外猪、鸡不能消化黏性物质。在鸡日粮中最好不超过10%。另外,据试验结果观察到鸡日粮中搭配亚麻饼时,鸡对维生素 B_6 的需要量增加。

f. 葵花子饼粕。由于葵花子的品种和加工工艺不同,葵花子饼中的蛋白质和粗纤维含量相差甚大,因此影响了葵花子饼的饲用价值,带壳的葵花子饼,蛋白质仅为17%、粗纤维含39%,部分去壳或去壳较多的葵花子饼蛋白质含量在28%~44%,粗纤维含9%~18%。赖氨酸含量低,为1.05%~1.16%,蛋氨酸为0.75%~0.88%,但胱氨酸含量较高,如以含硫氨基酸来表示,其含量高于豆饼、粕,鸡的代谢能为8 791~9 879千焦/千克。原北京农业大学曾用含纤维9%~16%,蛋白质为35.8%~41.6%的葵花子粕,代替雏鸡、生长鸡、蛋鸡日粮中全部豆饼、粕,并添加合成的赖氨酸。其生长、产蛋等生产指标和豆饼、粕组无显著差异。

带壳的葵子饼不宜饲喂猪禽。与其他饼类饲料配合使用,可提高葵子蛋白质利用率。

g. 棕榈仁粕是棕榈仁脱壳榨油后的副产品,形状、颜色与菜子粕相似,气味略有巧克力气味,棕榈仁粕视其脱壳程度和加工工艺,品质相差很大(与棉子粕工艺相似),近期进口的印度尼西亚棕榈仁粕,经北京市农业科学院饲料研究所抽样化验,其部分营养成分如下:

粗蛋白为16.20%,蛋氨酸为0.312%,粗脂肪为11.13%,赖氨酸为0.528%,粗纤维为18.90%,苏氨酸为

0.526%，水分为9.80%，胱氨酸为0.228%，粗灰分为4.68%，缬氨酸为0.84%，钙为0.15%，组氨酸为0.264%，磷为0.41%，精氨酸为2.064%，色氨酸为0.12%，无氮浸出物为64.8%，苯丙氨酸为0.624%。

进口棕榈仁粕营养指标：

粗蛋白大于15.00%，粗纤维小于18.0%；油小于7.0%；水分小于10.0%。

棕榈仁粕的使用情况及优缺点比较：

棕榈仁粕因其粗脂肪含量较高，在具体使用中可将其归为能量饲料，可按1∶1替代部分玉米或麸皮，也可在替换时与蛋白饲料一并综合考虑到其中的氨基酸组成，棕榈仁粕以前主要供应韩国、日本和东欧等玉米主销区，但随着印度尼西亚、马来西亚棕榈树的大规模扩种，棕榈仁粕的产量已超出了该地区的饲用量，出现了剩余，价格也逐步下降。

用棕榈仁粕替代部分玉米，最直接的表观是：饲养效果不变，但饲料成本大幅度降低，畜产品在同行中的竞争力明显提高。另外其目前每吨比玉米便宜近400元，随着我国北方地区及华北地区的玉米价格涨势过猛，畜产品价格长期低迷，一些大中型饲料企业必须千方百计降低成本才能生存，所以在目前的形势下，棕榈仁粕成为替代部分玉米便成了首选产品。

棕榈仁粕价格低廉，无霉性、无副作用，缺点是对单胃动物来说，能量和粗蛋白的利用率较低，同时也没有详细的转化指标可供参考。另外，因其粗纤维含量较高，适口性较差，因此雏鸡和小猪不宜使用。

棕榈仁粕特别适用于反刍动物，如牛、羊、马、鹿等的饲料，而且也可用于家畜，如猪、鸡的饲料当中，但要掌握添加比例。建议添加比例(按1∶1替代玉米)。

蛋鸡:3%~7%　　　　肉鸡:1%~5%

猪:3%~9%　　　　　鸭:3%~7%

反刍动物:15%~30%

h. 其他饼粕市场存量较少,如玉米胚芽粕、芝麻粕等,在实际生产中可根据生产情况取代一部分杂粕,但应考虑其氨基酸含量,特别是芝麻粕,不同的加工方法,利用率差别很大,其氨基酸的利用率幅度可在0%~75%之间浮动。有报道个别闻起来很香,发糊的芝麻粕其家禽的可利用率为零。

(2)动物性蛋白质饲料。主要包括渔业加工副产品、肉食加工副产品和乳及乳品工业的副产品。我国畜牧生产中常用的动物性蛋白质饲料有鱼粉、肉骨粉、血粉、羽毛粉和蚕蛹粉等。

①动物性蛋白质饲料特点。蛋白质含量高,占饲料的40%~80%,蛋白质中氨基酸组成良好,特别是含赖氨酸丰富。有些动物饲料中脂肪含量很高,所以能量价值也高,但脂肪含量多的,不易保存,易于酸败,脂肪酸败的饲料除了影响适口性外,维生素E的含量也显著下降。大部分的蛋白质饲料中的灰分含量较高,其中钙磷的含量也较高,而且他们之间的比例合适,家畜对动物饲料中的钙、磷的利用率很高。维生素含量较丰富,但各种动物性蛋白质饲料中维生素含量差别较大。

②常用的动物性饲料。

a. 鱼粉:优质鱼粉的蛋白质含量一般在53%~65%,含灰分为15%~22%,脂肪含量小于10%,盐含量小于4%。含钙为3.8%~4.5%,含磷为2.5%~3%。鱼粉蛋白质中赖氨酸、蛋氨酸、胱氨酸和色氨酸含量较高,含有丰富的维生素A与B族维生素。

由于鱼粉价格较高，掺假现象较多，从过去的掺尿素到目前掺羽毛粉、血粉等，同时劣等鱼粉、灰分和盐分含量较高，沙门氏菌等细菌多，使用鱼粉需经过仔细的化验。

鱼粉中赖氨酸和蛋氨酸含量很高，与谷类饲料、植物性蛋白质饲料搭配使用，可满足家畜的营养需要。目前，使用鱼粉日粮基本可以达到添加鱼粉的效果，对于生长畜禽，添加鱼粉与否，主要取决鱼粉的价格，如果在肥育畜禽日粮中，鱼粉用量超过10%时，其肉品和蛋品中会出现鱼腥味，影响商品品质。

b. 肉粉、肉骨粉、骨肉粉：是由屠宰场不能供人食用的废弃胴体、内脏等加工后的产品，蛋白质含量变化很大，一般在50%以上。由于骨肉的比例不同，蛋白质含量也有差别，肉骨粉中蛋白质含量较高，钙磷含量较少，骨肉粉则相反。国外有规定指标，现在，我国尚未制定规格，所以说法很不一致。可以说也没有专门生产肉骨粉的工厂，要购买时，一定要检查蛋白质和钙、磷的含量。肉骨粉的蛋白质消化率高达82%，赖氨酸含量丰富，但蛋氨酸和色氨酸较少，缺乏维生素A、维生素D和泛酸，核黄素、烟酸和维生素B_{12}较多，骨肉粉中钙、磷含量高，比例合适。肉粉和骨肉粉不易保存，容易变质，在畜禽日粮中可搭配5%左右。

c. 血粉：是屠宰牲畜所得血液经干燥制成的。含粗蛋白质80%以上，，赖氨酸含量为6%～7%，但异亮氨酸含量较低，蛋氨酸含量较少，由于血粉的加工工艺不同，其蛋白质和氨基酸利用率有差别，低温高压喷雾方法生产血粉，其赖氨酸利用率为80%～95%，老式的干热方法生产的血粉赖氨酸利用率为40%～60%，目前用微生物发酵的血粉，它的利用率高，但尚未有全套的生产工艺。血粉的适口性差，日粮中用量过多，易引起腹泻，应控制在3%以下，一般占日粮1%～3%。

d. 羽毛粉是利用屠宰家禽的清洁而未腐败的羽毛，在加热加压下使羽毛水解转变为可利用蛋白质，水解羽毛蛋白质含量很高，一般在85%以上，但蛋白质的品质很差，组氨酸、赖氨酸、蛋氨酸和色氨酸的含量很低，所以其营养价值很低，在日粮中要控制使用，过多的用量会影响畜禽的生长和饲料报酬，一般用量在1%～5%之间。

e. 蚕蛹粉。蚕蛹是蚕茧制丝过程中取得的新鲜蚕蛹，含水分较多，不易保存。蚕蛹粉是蚕蛹干燥后的产品。蚕蛹中脂肪含量很高、容易腐败，酸败后的蚕蛹粉有恶臭味。在猪鸡日粮中搭配比例大时，会使猪体脂肪带黄色并有特殊的气味。现在市场上供应的蚕蛹粉，有去脂的和不去脂的两种：去脂的蚕蛹粉，粗蛋白含65%～68%，粗脂肪含3%，代谢能11 135千焦/千克；未去脂的蚕蛹粉，蛋白质含量为53%，脂肪为22%，代谢能为11.27千焦/千克。含赖氨酸和蛋氨酸较高是优良的蛋白质饲料。蚕蛹粉含有丰富的维生素E和核黄素。在猪鸡日粮中可搭配5%左右。

3. *矿物质饲料*　到目前为止，畜禽所需的矿物质元素，均在各种天然的饲料内含有，但其饲料中含量差别很大，虽然家畜在采食各种饲料时，可以互相补充，但从家畜对矿物质需要来看，常用饲料中钙、磷和钠的含量均不能满足家畜的需要。所以，在日粮中一定要补加矿物质饲料。其他的微量元素，一般情况下，均能满足畜禽的需要，有个别元素属地区性的缺乏，应予以补加，舍饲或笼养的高产家畜和生长快的幼畜，应需补加微量元素。

(1)钙、磷补充饲料。常用钙磷矿物质饲料有骨粉和磷酸氢钙，石粉、蛎粉和蛋壳粉中仅含有钙，而不含有磷。

骨粉中的磷含量变化较大，一般含磷为11%～14%，目前，市场上销售骨粉（蒸骨粉）磷的含量仅为11%～12%。有些骨粉中掺假，购买骨粉时，务必分析后再使用。

骨粉或磷酸氢钙在畜禽日粮中用量为1.5%～2.5%，即可满足家畜的磷的需要，在肥育猪和生长家畜日粮中还需加0.5%～1%石粉，可满足钙的需要。在产蛋鸡日粮中碳酸钙或石粉或贝粉的含量为7%～8%。蛋鸡日粮中石粉（最好粗细各占2/3和1/3），可有利于钙的吸收，从而有利于提高蛋壳的质量。

（2）盐。日粮中盐的用量一般为0.25%～0.4%，如果用劣质鱼粉时，应特别注意鱼粉中盐的含量，有些高至15%，如遇此种情况，日粮中不但不补加食盐，而且一定要限制鱼粉用量，以防食盐中毒。

食盐中毒可发生于各种畜禽，但猪、鸡易发生，特别是仔猪和小鸡较为敏感。如果限制饮水时，蛋鸡日粮中含有4%盐就会引起中毒，充足饮水时，不会造成死亡。

（3）微量元素。在日粮中除了补加钙、磷、食盐之外，在全价平衡日粮中尚需补充铁、铜、锌、锰、钴、硒、碘等元素。

在日粮中添加的微量元素，都以他们相应的盐类、氧化物等化合物形式作为微量元素的来源。各种化合物的有效率差别很大，例如，氧化铁、碳酸铁的生物学效率差，硫酸亚铁的利用效率较好。元素在各种化合物中含量不一，即元素在化学分子质量中百分含量不一，在常用矿物质饲料中元素含量表中可查到各种元素的含量百分数。

4. 维生素饲料　在常用饲料中，各种维生素的含量差别很大，即使同一种类饲料，也因加工、贮藏的条件不同，维生素含量变化甚大。总的来说，常用饲料中所含的维生素量和畜禽的需要量比较，均不能满足畜禽的营养需要。以舍饲或笼养的猪、鸡的配合饲料中补加各种工业合成的维生素。鸡对日粮中维生素的缺乏特别敏感。

(1)维生素在日粮中的用量。一般配合日粮时，维生素的供给量往往是在最低营养需要量上加上一个安全系数。目前市场上所销售的禽用多维中，各种维生素的用量的水平比 NRC 推荐高出好几倍，一般脂溶性维生素 A、维生素 D，比推荐量要高出 3～10 倍，水溶性的维生素一般高出 0.2～1 倍。日粮中的补加量比最低需要量高得多的原因，主要考虑下列因素的影响：饲料成分的改变；饲料加工和贮存过程中维生素的破坏；环境因素、疾病等应激使家禽的采食量降低，而对维生素的需要增加。

(2)各种商品维生素添加剂的特点。

①脂溶性维生素。维生素 A，是白色的粉末，也有液体的。维生素 A 不稳定，易氧化。配合饲料中维生素 A 都经过稳定化的处理，维生素 A 被淀粉等物包被成为很细的微粒，每克维生素 A 醋酸酯含 50 万国际单位。

维生素 D_3，白色的粉末，或颗粒制剂，每克含 50 万国际单位。

维生素 E 醋酸酯带黄白色至褐色的粉末，含维生素 E 醋酸酯 50%，每克维生素 E 中含 500 国际单位。

维生素 K_3，白色的粉末，未经稳定化处理的维生素 K_3，纯度为 94%，用明胶处理的为 50%溶于水。

②水溶性维生素。维生素 B_1(硫胺素)，有盐酸盐和硝酸盐两种，都是白色粉末，含量一般为 98%，硝酸盐比盐酸盐较稳定。

维生素B_2(核黄素)，黄色粉末，未经预混处理的维生

素 B_2 含量为 96%，经处理后的含量为 55%。

维生素 B_6（吡哆醇），白色结晶，产品为吡哆醇盐酸盐，含量 98%。

维生素 B_{12}，含氰钴胺 0.1%。

维生素 *D*-泛酸钙，含量 98%，其含钙 8.2%～8.6%，所以泛酸钙相当于泛酸效能的 92%。*dl*-泛酸钙，大约为维生素 *D*-泛酸钙效能的 60%。

叶酸，含量 98%。

烟酸，含量 98%，尼克酰胺效能和烟酸相同。

氯化胆碱，国产的氯化胆碱有液体和固体两种，液体中氯化胆碱含量 7%，固体氯化胆碱含量 50%。

各种商品维生素中所含国际单位或含的有效成分，有些维生素差别很大。购买和配制时，一定要看清商品的标签说明，无标签的不能随便使用，以免造成不必要的经济损失。

5. 非营养添加剂　非营养添加剂是指能起保护饲料营养素不受破坏和促使畜禽更好地采食和利用饲料营养素，达到刺激生长、提高产量和饲料利用率的效果；可增加产品的颜色或饲料的保存质量，控制疾病起到提高健康状况的作用的一系列非营养成分。

（1）颗粒饲料黏合剂。它与粉料相比，颗粒饲料具有单位体积含能及其他营养素高、浪费少，便于运输以及饲料转换率高等的优越性，因此，在畜牧业发达的国家广为应用。在多数情况下，用混合粉料制成的颗粒饲料往往容易碎成粉末，而现代化的饲料生产加工过程、运输装卸过程以及自动化喂料设备的采用要求颗粒饲料具有一定的坚硬度，颗粒饲料黏合剂是使颗粒饲料增加坚硬度的一种化合物。常用的有以下两种:①粉末状的膨润土;②纸浆工业中液态与固态的副产品,其主要成分为半纤维素或为半纤维素与木质素的混合物。

在没有颗粒饲料黏合剂的情况下可以采取以下措施:

①在粉料中加入2%水或糖蜜有助于制粒,但之后必须烘干。

②日粮中使用10%~15%的小麦、次粉或大麦也有助于得到硬度适中的颗粒料。

(2)调味剂。这是一种认为可以提高饲料适口性与饲料进食量的添加剂。Jacobs和Scot早期的研究表明:鸡有区别蔗糖溶液和糖精溶液的能力。让鸡对这两种溶液与纯水进行自选时,鸡选择蔗糖溶液而回避糖精溶液。

谷氨酸钠,在国外已作为饲料添加剂使用。谷氨酸虽然不是动物机体所必需的氨基酸,但它可在畜体内转化为必需氨基酸。它对猪和鸡比较重要,尤其对产蛋鸡和发育旺盛的雏鸡作用明显,实验证明按0.1%的加量添入猪饲料能显著地提高食欲,并加快生长。在人工乳中添加这类物质,效果更好。

(3)抗生素。抗生素为由活的有机体(如霉菌、细菌或绿色植物)产生的能抑制另一种微生物生长或具有杀菌作用的化合物。除了促进生长外,抗生素有提高饲料转换率及增进健康的作用。饲料工业中较为广泛使用的抗生素有:金霉素、土霉素、杆菌肽锌等。

抗生素与其他药物一样,若长期使用会产生抗药性;因此,不论使用人、畜共用的抗生素或畜禽专用的抗生素,务必注意不要长期低剂量使用一种或同一类抗生素。

(4)抗氧化剂。所有的饲料都易于变质,但高脂饲料由于脂肪的酸败作用更易于被氧化。大多数家畜拒食变质饲料，但当饲料不足或无其他选择时家畜也会采食变质饲料，日粮中加入抗氧化剂，如乙氧基喹啉或丁羟甲苯(BHT)，丁羟甲氧基苯(BHA)和山道喹等都能防止过氧化作用。

抗氧化剂由于它在保护饲料营养素中的重要作用而被广泛地用于配合饲料。一般用量在150毫克/千克以下。使用抗氧化剂时应注意安全性，最有效的抗氧化剂往往也是毒性最大的。

维生素E是最好的天然抗氧化剂。维生素E同时作为饲料的和采食饲料家畜细胞中的抗氧化剂；而合成的抗氧化剂，如BHT或乙氧基喹啉都不能防止细胞内的过氧化作用。因此，抗氧化剂不能取代日粮中的维生素E，也不能降低日粮的维生素E需要量。

(5)防霉剂。这是一种用以消灭真菌的化合物。近年来真菌侵害饲料的问题日益受到人们的重视。过去许多被误认为是营养性的问题，看来都与真菌污染了饲料有关。

饲料一旦受到霉菌的污染，则添加任何制剂也不能防止存在于饲料中的霉菌毒素对畜禽的影响，虽然霉菌本身可能已经死去，孢子也许不再繁殖。霉菌生长的主要条件是水分，若能将饲料水分保持在12%以下便能防止霉菌的生长。此外也可在高水分饲料中添加抑霉制剂，其主要成分为丙酸、醋酸或丙酸钠，也可采用龙胆紫。

(6)增加销售产品的颜色和提高其质量的添加剂。采食青绿饲料的鸡从饲料获得很多的叶黄素。因此肉鸡的皮、胫骨与喙都呈浅黄色，鸡蛋黄几乎呈橘黄色。人们将这种黄色视为产品新鲜的指标。如今人们可以通过合成的饲料添加剂达到此目的。

二、肉鸡饲料配方

1. 营养需要

(1)肉用仔鸡营养需要。

①肉用仔鸡的营养需要。有关肉用仔鸡的营养需要可参考表3中肉用种鸡的营养需要,世界各国肉鸡公司也都有各自的营养需要标准,表3所示为Arbor Acres(AA)公司建议的肉用仔鸡营养需要量。Scot主张充分利用幼畜的生长优势,认为在0～2周龄时采用高蛋白日粮最经济。

表3 肉种鸡营养需要(90%干物质)

项 目	雏鸡(0～6周)	育成鸡(6周至产蛋)	产蛋母鸡
代谢能(千焦/千克)	11 860～12 223	11 532～12 223	11 763～12 223
粗蛋白(%)	18～19	15～16	16～16.5
钙(%)	0.9～1.0	0.85～0.95	3.0～3.3
有效磷(%)	0.47～0.5	0.42～0.47	0.45～0.50
钠(%)	0.2～0.24	0.2～0.25	0.18～0.22
氯化物(%)	0.2～0.3	0.2～0.3	0.18～0.3
赖氨酸(%)	0.95	0.67	0.80
蛋氨酸(%)	0.36	0.30	0.33
蛋氨酸+胱氨酸(%)	0.75	0.57	0.64
苏氨酸(%)	0.64	0.50	0.54
色氨酸(%)	0.18	0.17	0.17
脂肪:			
亚油酸(%)	1.25	1.25	1.25
微量元素:			
铜(毫克)	4	4	4

续表 3

项　目	雏鸡(0～6 周)	育成鸡(6 周至产蛋)	产蛋母鸡
碘(毫克)	1.2	1.2	1.2
铁(毫克)	40	40	40
锰(毫克)	120	120	120
硒(毫克)	0.3	0.3	0.3
锌(毫克)	110	110	110
脂溶性维生素:			
维生素 A(国际单位)	12 000	12 000	12 000
维生素 D_3(国际单位)	3 200	3 200	3 200
维生素 E(国际单位)	3 200	3 200	3 300
维生素 K(毫克)	2.2	2.2	2.2
水溶性维生素:			
维生素 B_{12}(毫克)	0.016	0.016	0.016
生物素(毫克)	0.2	0.2	0.2
胆碱(毫克)	660	660	660
叶酸(毫克)	1.2	1.2	1.2
烟酸(毫克)	44	40	40
泛酸(毫克)	16.5	16.5	16.5
吡哆醇(毫克)	4.5	4.5	4.5
核黄素(毫克)	10	8.8	8.8
硫胺素(毫克)	2.2	3	3

②肉用仔鸡日粮的能量蛋白比。能量蛋白比是日粮能值除以蛋白质的百分数。例如,某日粮的能量为 12 893 千焦/千克,蛋白水平为 23%,则能量蛋白比为 2 893/23＝560。AA 种鸡公司建议,当日粮能量水平在 12 893～14 316千焦/千克之间时,肉用仔鸡各阶段日粮的能量蛋白比应保持:雏鸡料为 569～590;中雏料为 644～661;后期料为 699～736。能量蛋白比是控制肉用仔鸡不同发育阶段能

量和蛋白质需要量的指南，在制定配方时，必须注意总蛋白和必需氨基酸水平与能量水平之间的平衡。一般的规律是：能量蛋白比降低使腹脂沉积减少，但饲料成本较高。能量蛋白比较宽则饲料价格较低，但可能降低饲料进食量。过宽的能量蛋白比，也可能导致某些必需氨基酸的进食量太低并沉积过多的脂肪。在我国，肉用仔鸡日粮的能量普遍偏低，蛋白质水平也不够稳定，因此肉用仔鸡日粮的能量蛋白比有过宽或过窄的倾向。无论是高能日粮还是低能日粮，保持日粮能量和蛋白水平的平衡是提高生产性能和防止饲料浪费的关键。因此，各地可根据实际情况选择适宜的能量与蛋白水平。

能量蛋白比固然重要，日粮能量与一些主要必需氨基酸的关系也必须加以考虑。用每千焦(1 000 大卡)必需氨基酸的最低需要量表示，就可避免因能量蛋白比稍宽而发生的必需氨基酸进食量不足的现象。

③日粮营养浓度的选择。饲料费用占肉用仔鸡生产成本的 60%～70%。在配合肉用仔鸡日粮时，对能量和蛋白质水平的选择范围相当宽。为达到最经济的效果，在选择适宜的营养水平时应考虑以下几项因素：饲料组分的成本、鸡肉的市价和最佳出售体重以及环境温度。高营养浓度的日粮未必是最经济的日粮。

肉用仔鸡的增重速度与饲料报酬随日粮浓度的提高而提高。但是，每千克饲料能量水平高于 138 138 千焦的日粮在当时和如今是否经济，都值得考虑。

1974 年 Day 列举美国南方养禽中心实验室的资料，比较不同能量水平日粮对肉用仔鸡生产成本的影响时提出：由于饲料价格的上涨，高能日粮(指每千克 138 138 千焦以

上)致使养禽生产者从每只肉用仔鸡损失4～5美分(1974年饲料价格)。前几年,我国各地大都采用不加油脂的粉料饲喂肉用仔鸡,日粮能量水平很难超过12 558千焦/千克。目前,随着植物油价格的降低以及大豆磷脂价格的降低,如能适当提高日粮浓度定将有利于肉用仔鸡生产性能的进一步提高。

(2)肉用种鸡饲养中的新问题。肉用种鸡恐怕是所有禽类中最难饲养的一种。为获得最高的生产性能一般都认为必须对它生长的全过程进行体重的控制。在全饲条件下16周龄肉用种鸡的体重可高达3 000余克,而在限制饲喂的条件下仅1 600余克,因此,饲养肉用种鸡的难点是在保证营养需要的前提下寻找获得最佳生产性能的适宜饲喂量。多年来人们已经试验了多种限制饲喂的方法,如每日限量饲喂,饲喂高纤维日粮或氨基酸不平衡的日粮(尤其是赖氨酸不平衡的日粮),采用限喂或隔日饲喂等方法。

专家建议,适当增加20～35周龄期间的饲喂量,使幼母鸡在这一阶段有一定的增重。而在产蛋后期则可适当少喂些,这样,使用相同的饲料量,但适当改变饲喂模式可获得较高的生产性能。

为了获得最高的产蛋率,必须使幼母鸡在20周龄至高峰阶段保持稳定的体重增长,而且应根据不同品种性成熟时间的不同以及季节的不同调节增重的速率。一般认为性成熟较晚的幼母鸡体重的快速增长阶段应调节得晚一些。

在肉用种鸡的饲养中容易强调饲喂水平而忽视营养水平,与蛋鸡一样,应根据饲料的营养水平和环境温度等因素改变饲喂水平。

(3)艾维茵父母代种鸡营养需要见表3。

(4)商品肉鸡营养需要见表 4。

表 4 商品肉鸡营养需要(90 %干物质)

项 目	雏鸡(0～3 周)	育成鸡(3～5 周)	5 周以上
代谢能(千焦/千克)	13 018～13 660	13 102～13 839	13 395～14 023
粗蛋白(%)	22～24	20～22	18～20
钙(%)	0.9～1.0	0.85～1.0	0.8～0.95
有效磷(%)	0.47～0.5	0.42～0.47	0.40～0.45
钠(%)	0.2～0.24	0.2～0.25	0.18～0.22
氯化物(%)	0.2～0.3	0.2～0.3	0.18～0.3
赖氨酸(%)	1.20	1.08	1.03
蛋氨酸(%)	0.50	0.46	0.43
蛋氨酸+胱氨酸(%)	0.95	0.90	0.85
苏氨酸(%)	0.81	0.72	0.69
色氨酸(%)	0.23	0.20	0.18
脂肪:			
亚油酸(%)	1.25	1.25	1.25
每千克饲料微量元素:			
铜(毫克)	4	4	4
碘(毫克)	1.2	1.2	1.2
铁(毫克)	40	40	40
锰(毫克)	120	120	120
硒(毫克)	0.3	0.3	0.3
锌(毫克)	110	110	110
每千克饲料脂溶性维生素:			
维生素 A(国际单位)	8 820	8 000	7 200
维生素 D_3(国际单位)	3 000	2 800	2 520
维生素 E(国际单位)	22	20	18
维生素 K/毫克	1.65	1.5	1.3
每千克饲料水溶性维生素:			
维生素 B_{12}(毫克)	0.016	0.016	0.016
生物素(毫克)	0.2	0.2	0.2

续表 4

项　目	雏鸡(0～3周)	育成鸡(3～5周)	5周以上
胆碱(毫克)	660	660	660
叶酸(毫克)	1.2	1.2	1.2
烟酸(毫克)	44	40	40
泛酸(毫克)	16.5	16.5	16.5
吡哆醇(毫克)	4.5	4.5	4.5
核黄素(毫克)	10	8.8	8.8
硫胺素(毫克)	2.2	3	3

2. 预混料制作技术

(1)预混料的定义。目前,关于预混料的定义没有明确的指定,国家《饲料添加剂和添加剂预混合饲料生产许可证管理办法》中关于添加剂预混合饲料的定义为添加剂预混合饲料是指由两种或两种以上饲料添加剂加载体或稀释剂按一定比例配制而成的均匀混合物。在配合饲料中的添加量不超过10%。从理论上讲,更科学的定义应为:由两种或两种以上具有生物活性的微量成分混合而成的,并吸附在一种载体和一种稀释剂上的补充畜禽营养或提高畜禽生产水平的饲料(图 1)。

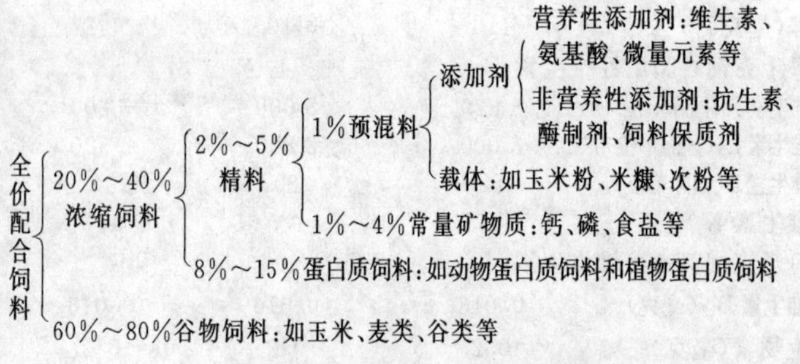

图 1　预混合饲料与各级饲料的关系

(2)预混料都有哪些比例的添加水平。从图1中可以看出，根据用户对象的不同，预混料一般最小的添加量为0.5%，其次还有1%，2%，3%，4%，5%，6%，10%等，一般认为添加比例大于10%为浓缩饲料。目前，市场上也有12%的预混料，此种预混料一般是含有鱼粉、乳清粉的乳猪料。

(3)预混料中都含有哪些原料。预混料中，依据饲养品种的不同，预混料的个别原料有所不同，但基本含有以下几种不同作用的原料。

维生素：维生素A，维生素D，维生素E，维生素K_3，维生素B_1，维生素B_2，维生素B_{12}，维生素B_6，维生素PP，生物素，胆碱等。

矿物质：硫酸铜、铁、锰、锌，硒、碘、钾、钴、铬、食盐、磷酸氢钙等。

氨基酸：蛋氨酸、赖氨酸、苏氨酸。

非营养添加剂：调味剂、防霉剂、酶制剂、酸化剂、抗氧化剂等。

药物添加剂：盐霉素、杆菌肽锌、金霉素等。

蛋白质补充料：鱼粉、豆粕、玉米蛋白粉等。

载体及稀释剂：玉米芯粉、沸石粉等。

(4)是不是只要进行畜禽饲养就要进行预混料制作。

回答是：不是的。只有进行大量饲料生产，日粮使用全价料在10吨甚至更多时，才有必要进行预混料生产。因为在小于5%的预混料当中，含有多达40种以上的原料，企图用铁铲或其他地面的混合好预混料，几乎是不可能的，要进行合格的预混料的生产，最基本的需要有一定的化验设备、一台合适的变异系数小于5%的预混机、一台精度达到克以上的天平秤及具有一定营养学水平的技术人员进行监督和执行，才有望生产合格的满足畜禽需要的预混料。

(5)预混料配方的制定。

①选择所要畜禽种类和生产阶段的营养需要量的参数标准。参阅不同的品种的饲养手册。

②确定可利用的原料以及其中所需营养素的相对含量，因为每种原料当中其有效成分并不是100%含量，而标准中所标识的为该品种不同阶段的实际营养需要量，例如，生物素市售有效含量为2%，维生素B_{12}的有效含量为1%。表5为常用微量矿物质元素的含量表。对于每一种原料，应详细了解其所供商品的名称、有效成分含量，生产日期及检验报告。对于添加量小而作用或毒性较大的添加剂，如生物素、维生素B_{12}、亚硒酸钠、碘化钾等，尽量购置比例较低的原料，以避免添加不均匀和造成较大的误差。

表5 常用矿物质饲料中的元素含量

矿物质元素	名称	化学式	矿物质元素含量(%)	
钙	碳酸钙	CaO	Ca=40	
	石灰石粉	$CaCO_3$	Ca=34～38	
钙、磷	煮骨粉		P=11～12	Ca=24～25
	蒸骨粉		P=13～15	Ca=31～32
	磷酸氢钙	$CaHPO_4 \cdot 2H_2O$	P=18	Ca=23.2
	磷酸钙	$Ca_3(PO_4)_2$	P=20	Ca=38.7
	过磷酸钙	$Ca(H_2PO_4)_2 \cdot H_2O$	P=24.6	Ca=15.9
钠，氯	氯化钠	NaCl	Na=39.7	Cl=60.3
铁	硫酸亚铁	$FeSO_4 \cdot 7H_2O$	Fe=20.1	
	碳酸亚铁	$FeCO_3 \cdot H_2O$	Fe=32.9	
硒	亚硒酸钠	Na_2SeO_3	Se=45.6	
	硒酸钠	Na_2SeO_4	Se=41.77	
铜	硫酸铜	$CuSO_4 \cdot 5H_2O$	Cu=25.5	

续表 5

矿物质元素	名称	化学式	矿物质元素含量/%
锰	硫酸锰	$MnSO_4 \cdot H_2O$	Mn＝32.5
	氧化锰	MnO	Mn＝77.4
锌	硫酸锌	$ZnSO_4 \cdot 7H_2O$	Zn＝22.7
	氧化锌	ZnO	Zn＝80.3
碘	碘化钾	KI	I＝76.4
钴	氯化钴	$CoCl_2 \cdot 6H_2O$	Co＝24.8

③根据不同品种营养素的需要和可利用资源中的营养素的具体含量进行配方中含量的计算。

例如：

a. 锌的全价料中的含量应为 70 毫克/千克(即每吨全价料中含锌元素为 70 克)。

b. 决定原料选择一水硫酸锌，而一水硫酸锌中锌元素的含量为 35%。

c. 每吨需要一水硫酸锌为：70÷0.35≈200(克/吨)。

d. 如配置 3%的预混料，则预混料中的一水硫酸锌的添加量为：

200÷3%＝6 667(克/吨)＝6.667 千克/吨预混料。

其他成分在预混料配方中的含量计算均如此。这样就确定了所需每种添加剂在预混料中的含量，再加上载体和稀释剂就形成了一个预混料配方。

在配方中还必须考虑维生素在生产加工和贮存过程中造成的失效问题，多种添加剂之间的相互影响问题，以及安全余量问题。

一般添加剂在预混料中有5%的分布误差，预混料在全价料中有10%的分布误差，这样总误差可达15%，因此，就不稳定性和分布误差，预混料应有20%的安全余量。而一般全价料的大料（如玉米、豆粕、小麦等）中的维生素和矿物质含量由于生物利用率不同，在实际添加过程中不考虑其含量。

（6）预混料生产中微量添加成分在选择的过程中还应考虑以下因素。

①颗粒大小。颗粒过大则分布不均匀，过小则体积增加，流动性差，静电增加，易吸附在设备壁上，导致损失及污染。

②颗粒大小一致性。颗粒大小一致性越好，则其添加到饲料中的均匀度越好。

③相容性。烟酸在预混料中含量较高，如果谷物载体含水分超过10%时，预混料pH值会下降，而使在酸性环境中不稳定的泛酸丧失功效（每月损失25%）。

④溶解性。极易溶于水的物质亦易吸潮，从而影响预混料的稳定性和相容性，如氯化胆碱。所以在比例较低（小于3%）的预混料中，一般不添加胆碱。

⑤结块。应避免使用吸湿性的载体（如酒糟），若添加剂有吸湿性，可添加少量的结块剂。

⑥流动性。颗粒大，流动性好，但颗粒数少，混合时反而不易均匀，因此，在不损失有效分散能力的前提下，仍需维持相当的流动性。

⑦静电。很细的颗粒带有较高的静电，使体积增加，导致操作上的不便，易吸附槽壁而引起损失和污染。静电性可用喷植物油阻绝电力或添加具有相反电荷的稀释剂来中和。

⑧挥发性。选择有挥发性的抗氧化剂更易渗透到饲料中,使保护效果更佳。

(7)预混料载体的选择。载体的选择和准备相当重要,载体必须是含油量较低,而且为了保证混合均匀必须较细(30 目)。研磨得很细的豆饼或豆粕、玉米蛋白、稻壳粉都是极好的载体。如果维生素和微量元素都在同一预混料中,则尽量不用石灰石做载体。

同时载体应具有以下特征:

①颗粒大小。载体粒度应与所负载的原料粒度类似。

②颗粒形状。理想应为无规则,表面凹凸不平,这样可大量吸附原料,但载体纤维含量不可过高。

③密度。好的载体应与所负载的主要原料密度相近。

④pH 值。最好是中性,偏酸或偏碱都会使预混料中的活性物质效价损失加快。

(8)预混料中抗生素的选择。抗生素是目前我国预混料中的重要组成部分,由于饲养环境的日益恶化,在很多地区,不加抗生素几乎成为不可能,但在环境较好的地区,可以不加抗生素或少加抗生素,通过添加生物制剂来进行绿色食品的生产。

适量的添加抗生素具有刺激动物生长,改善饲料利用效率,预防疾病等作用。在选择抗生素时,应掌握以下原则:

①正确选择抗生素,掌握各类抗生素的适应症,防止错加和不对症。

②严格控制使用剂量,量过小起不到作用,过大则破坏消化道菌群平衡,引起消化紊乱,甚至中毒。

③选用抗病原活性强、稳定、毒性低,安全范围较大的抗生素。

④合理、定时、定量的使用抗生素，不可滥用，不可超范围使用。

⑤严格使用对象。

3. 全价料制作过程质量控制　全价料顾名思义就是营养全面，能够满足畜禽各种营养需要，并能够直接饲喂畜禽的饲料。全价料的制作，原料的质量控制和加工过程的控制尤为重要，具体的讲，主要通过以下几方面来制作优质饲料。

(1)原料的质量控制。饲料原料的接收是质量控制的第一道关口，也是掌握原料盘存的基础，因此是饲料生产管理的重要环节，如果没有优质的原料，即使高水平的配方，先进的设备也不能生产出高质量的全价饲料。

饲料原料接收员的基本任务是：

①准确计量原料的数量、品种和日期。

②正确取样并对样品进行初步的快速检验。

③根据合同对数量和质量上不符合规定的原料向对方提出索赔或退货。

④对不符合安全贮藏条件的原料进行必要的贮藏前处理。

⑤迅速而准确的将合格的原料入库贮藏。原料接收员要核对来货标签是否与发货单标名的货品名称与实物相符，核对后再进行登记原料的名称、数量与日期。

负责原料接收的人员在卸料的过程中自始至终“钉”在现场，根据情况(例如：发现散装原料的局部或包装原料的个别包水分过高、发霉、生虫等异常现象)随时抽样送检。

只有高质量的原料才能生产出高水平的产品，高质量的原料是完全符合该原料质量标准要求的原料，例如，进口鱼粉是好原料，同样，棉子饼、菜子粕也应是好原料，但任何一种原料掺假后，无论对畜禽有无影响，均不能称其为好原料。

(2)取样与质量检验。取样与质量检验是确保配合饲料生产质量的重要关口，把好这一关，首先，可以避免污染霉变的有害原料进入生产线；其次，可以根据原料营养成分的变化，相应调整其在饲料配方中的比例，从而保证产品的稳定性，降低成本。

感官检验是一个速度快，费用低，而且很有效的方法，质检人员和供销人员经常交换意见，共同提高大家的感官检验水平，并辅之以测定水分，杂质等简易的设备，对原料的水分，杂质，霉变等质量因素做出相当准确的判断，弥补仪器测定虽准确但时间较长的缺点。

为了提高工作效率，对仪器分析项目进行有选择，有目的地确定，例如，蛋白质饲料豆粕，主要测定水分、蛋白质生熟度，感官评定残油量；对于磷酸氢钙等钙、磷饲料主要测定水分，钙、磷比例，并测定含氟量，在化验结果未报告时，该原料不能进入生产线，对于一些再生饲料必须化验卫生指标，只有这些指标合格原料才能进入生产线。可靠的化验数据为我们提供一个准确的饲料原料数据奠定了坚实的基础，因为没有一个可靠准确的饲料营养成分，即使看起来多么平衡和价格如何低廉的配方，也很难达到预期饲养效果。

质检部门对产品质量拥有否决权，即不符合质量标准的原料和成品，检验员在入库单和合格证上不签字，原料不准入仓，进车间，产品不准出厂，从而有效地控制了产品质量，确保饲料厂产品质量的稳定和发展。

(3)库房管理。这一环节不仅有直接的经济意义，还对质量控制起很大作用，首先，对入库原料的到货日期，数量及存放的库号要逐一登记。在同一库房存放的不同原料，分品种堆垛，库房原料码放整齐，并有标牌表明产地，数量，进货日期，营养成分及使用情况记录，如70号垛的标牌内容：

虎林豆粕　13号垛

1 050件　62.21吨

水分：13.66%　蛋白质：44.43%

2001年11月8日、10日进

本垛现存数量：10.50吨

简明扼要为有关人员提供了及时准确的信息；其次，原料应按先进先出的原则，并且保管每天测定粮垛温度，特别对于夏季温度稍有上升的粮垛，早中晚每天测3次，粮温超过警戒线必须立刻通知厂长和质检人员。原料在出库的过程中如果发现个别结块现象，应通知质检人员，听从质检人员的处理。

(4)配方管理。在各位专家教授的指导下，配方设计人员应认识到随着畜牧业和饲料工业的发展，饲料配方设计已不再把标准作为静止值来处理，相反地，要根据畜禽的品种，生产性能(产蛋曲线，生长曲线)采食量来确定配方的营养标准并要考虑环境因素，营养素之间的相互作用对营养需要的影响，因此配方设计人员对于配方的改变，应实施比较正规的实施手段，每次配方改变都要讲明原因，以备查询。

(5)加工过程中的质量管理。仅有一个高水平的配方和高质量的原料，而没有严格的生产质量控制，坦率的说，成品的质量还是很难保证。饲料厂内的质量控制，是保证配合饲料质量最核心、最现实的环节。饲料厂内质量控制的重点是从原料接收到产品出厂的生产线上的质量管理，化验室人员训练和仪器分析水平是重要的，其重要性仅在于给负责质量控制的人员提供有关原料、产品的质量状况的科学数据，作为决定质量管理措施的依据。化验室工作的本身，并不能做出优质的产品，因此，我们的口号是：把质量控制在生产线上。

每个操作工人应了解他所进行的工作与产品质量的关系，明确本人的工作岗位及在质量控制方面的职责。

①每天检查粉碎机前的吸铁及清杂设备，并保持其正常的工作状态。

②保持输送系统的清洁，输料槽及管道密封良好，无漏料现象。

③定期检查锤片式粉碎机的筛板有无漏洞，操作人员还应经常注意观察粉碎机排出物料的粒度，如发现整粒谷物或粒度过粗，应及时停机检查粉碎机筛板有无漏洞或筛板与其侧挡板形成粉碎空间有无漏缝，并进行必要的维修。

④饲料厂的技术管理人员每月须对配料秤进行一次校准的保养；每年至少两次由专业技术人员对配料秤进行校准。对于连续配料系统的计量装置，每班至少进行一次检查，调整。地磅每季度由当地计量局校准。

⑤至少每年进行两次搅拌机混合均匀度的测定，操作人员要严格掌握搅拌时间，随时观察搅拌机的工作情况，如发现料面不平等异常现象应及时检修机械并测定均匀度。

⑥每个工作人员在生产过程中都注意设备的运行和原料局部霉变，发热等，如发现异常情况，及时通知质量管理人员，迅速处理，保证质量。

车间内部、厂房周围的清洁卫生是饲料厂质量控制的又一个重要方面，这方面工作的好坏，可以避免饲料特别是

药物性添加剂的相互污染，避免饲料的虫、霉、鼠害，从而直接有助于保持和提高产品质量，此外，整洁、有秩序的车间工作环境，会给工人的心理上以良好的影响，有利于集中精力，提高生产。一个清洁卫生，井井有条的车间环境，也是饲料厂管理水平的反映，这些无疑会给顾客以良好的印象，可以提高企业的声誉。

(6)成品管理。

①定期检查校正称量系统，检查袋装饲料的净重。

②每批饲料开始装料时，肉眼观察所装饲料是否与标签规定的品种相符，质量有无异常。

③按规定正确在库房堆垛产品，坚持“先进先出”的原则，产品装车出厂前再次核对提货单与产品标签是否相符。

④饲料品种更换时，要彻底清扫成品仓以及包装线上的残余饲料。

⑤正确取样、分样，送化验室分析。

通过以上 6 个步骤的严格操作，即可生产出满足生产需要的合格的饲料。

4. 肉鸡饲料配方制作及注意事项

(1)饲料配方的选择和调整。目前，有很多预混料的厂家免费为养殖户提供饲料配方，同时有关饲料配方的宣传资料相当多，作为一个用户，在具有一个典型饲料配方后，可根据你当前所有的原料进行适当的调整，即可得到你所想用的饲料配方，现介绍一种用计算机 EXCEL 表格进行配方调整的步骤：

①将你目前所用的效果较好的饲料配方或厂家提供的饲料配方输入到 EXCEL 表格当中，见表 6。

B13 为单价：B13＝Sumproduct（$B3：$B12 * C3：C12)/10

表 6　肉鸡育肥期饲料配方

	原料	A	B	C	D	E	F	G	H	I	J
1		价格（元/千克）	比例（%）	代谢能(兆焦/千克)	蛋白质（%）	钙（%）	磷（%）	有效磷（%）	赖氨酸（%）	蛋氨酸（%）	蛋氨酸+胱氨酸(%)
2	玉米	0.98	61.8	13.52	8.0	0.02	0.21	0.17	0.23	0.17	0.39
3	豆粕	1.9	21.0	9.63	44.0	0.25	0.60	0.18	2.82	0.65	1.54
4	棉子粕	1.1	6.0	9.21	40.0	0.36	1.02	0.20	1.65	0.60	1.32
5	石粉	0.1	8.5	—	—	35.3	—	—	—	—	—
6	磷酸氢钙	3.2	1.5	—	—	22.0	16.8	16.8	—	—	—
7	蛋氨酸	21	0.1	21.0	—	—	—	—	—	99.0	99.0
8	赖氨酸	16	—	16.7	—	—	—	—	78.8	—	—
9	矿物质	3	0.1	—	—	—	—	—	—	—	—
10	维生素	70	0.02	—	—	—	—	—	—	—	—
11	添加剂	3.2	1.0	—	—	—	—	—	—	—	—

C13 为配方配比总和 C13＝SUM(C3:C12)

D13 到 K13 为各种营养成分计算值

D13＝Smproduct($B3:$B12 * C3:C12)/100 其他类似。

②得到计算的营养成分后，如果你目前还有豆饼、花生饼、麸皮等原料，想将这些原料也用上，那么，首先，你应当化验这些原料的主要营养成分，最低应化验蛋白质、钙和磷，根据经典数据当中蛋白质和氨基酸的比例计算出你所用原料的氨基酸含量。

③将这些原料的营养成分和价格输入到表格当中，调整这些原料的使用比例和石粉、磷酸氢钙、蛋氨酸、赖氨酸的添加量，使新配方的营养成分和原配方基本保持一致。这样，一个新的配方基本调整完毕，见表 7。

目前，计算机应用相当普遍，这是进行饲料配方最简单而且行之有效的方法之一，当然现在也有一些成型的专门的饲料配方软件，对一些较大规模的饲料厂，专门的技术人员使用这些软件制作配方会更加的灵活和精确。

(2)在制作饲料配方时应注意的以下问题。

①饲料尽量多种多样。饲料种类多，可取长补短，充分利用氨基酸的互补作用，使配合日粮的营养完善，提高饲料的利用率，满足鸡的生长和产蛋的营养需要。

②当地廉价的饲料。尽量利用本地生产的饲料，减少外地采购，可节约运输成本，降低生产成本，提高经济效益，又可保证饲料的来源和饲料质量的稳定。

③饲料的品质和适口性。不宜用贮存过久、酸败、霉烂、变质的饲料。所配合饲料的适口性差，影响食欲使鸡的采食量减少，不能满足鸡对营养的需要。

④掌握饲料的含水量。当某种饲料含水量偏高，说明干物质相对减少，因此，要根据饲料中实际含水量，按比例增

表 7　调整后的肉鸡育肥期饲料配方

原料	价格（元/千克）	比例（%）	代谢能(兆焦/千克)	蛋白质（%）	钙（%）	磷（%）	有效磷（%）	赖氨酸（%）	蛋氨酸（%）	蛋氨酸+胱氨酸（%）
玉米	0.98	59.6	13.52	8.0	0.02	0.21	0.17	0.23	0.17	0.39
豆粕	1.9	9.0	9.63	44.0	0.25	0.60	0.18	2.82	0.65	1.54
棉子粕	1.1	6.0	9.21	40.0	0.36	1.02	0.20	1.65	0.60	1.32
花生饼	1.7	5.0	11.09	45.0	0.15	0.55	0.16	1.50	0.45	1.02
麸皮	0.8	3.0	8.99	15.5	0.14	0.92	0.24	0.63	0.23	0.55
豆饼	1.9	6.0	10.55	42.0	0.20	0.60	0.15	2.64	0.63	1.43
石粉	0.1	8.5	—	—	35.3	—	—	—	—	—
磷酸氢钙	3.2	1.5	—	—	22.0	16.8	16.8	—	—	—
蛋氨酸	21	0.12	21.0	—	—	—	—	—	99.0	99.0
赖氨酸	16	0.11	16.7	—	—	—	—	78.8	—	—
矿物质	3	0.1	—	—	—	—	—	—	—	—
维生素	70	0.02	—	—	—	—	—	—	—	—
添加剂	3.2	1.0	—	—	—	—	—	—	—	—

加该饲料的数量。

⑤按照规定的比例配合，严格按照饲料配方的比例计量和过秤，不能自行更改，才可保证日粮所含的营养物质。

⑥配合日粮要充分搅拌均匀。配合日粮是由多种饲料配合而成，必须混合均匀，否则会使鸡对某种营养物质采食过多造成浪费；或者采食不足，出现营养缺乏症。

⑦饲料配方要相对稳定。鸡群所用的饲料配方应相对稳定，不能频繁的变动，否则会使鸡消化不良，引起应激，影响正常的生产。

⑧对配合日粮进行营养成分的分析，以便检查配合日粮中实际营养成分，如有误差可及时调整。

(3)影响饲料质量的因素。在生产实践的过程中，往往表现出饲料时好时坏，给生产实践带来较大的损失，那么，有哪些因素影响成品饲料的质量呢，分析起来，主要有以下几个方面：

①饲料配方的设计是否合理。如果饲料配方设计不合理，即使多么精心的制作，也生产不出合格的饲料；一个配方，首先从理论上应满足该阶段畜禽生长、生产的营养需要；其次，具有实用性，原料容易在当地采购；第三，原料使用应具有科学依据或实验证实，不能盲目或超量添加；第四，应注意生产畜禽的饲料和提供人类食品的绿色、安全、健康。

②饲料原料是否达标。具有一个科学饲料配方之后，合格的原料是生产优质饲料的重要保证，例如，一般饲料配方要求豆粕蛋白质水平在43%以上，水分小于12%，在实际原料采购的过程中，豆粕蛋白质水平往往在42%～48%之间。同时豆粕原料的掺假应引起养殖户的严格重视，如掺豆皮、玉米胚芽粕等，尤其在鱼粉中由过去的掺尿素到目前的掺羽毛粉、血粉。掺假的饲料原料大大影响了配方的实际应

用效果。

注意原料的颜色、气味、质地、滋味、霉变及污染等,夏秋季应注意花生饼、粕的黄曲霉污染,豆饼的发霉、变质。极少量的黄曲霉毒素(5 微克/千克)都会给畜禽的生产带来较大的影响。

③预混料质量。一般用户均采用预混料进行全价饲料的制作,5%左右的预混料当中含有绝大多数微量营养成分,5%的预混料起到全价饲料 40%左右的作用。所以,预混料的质量相当重要,什么是好的预混料,在预混料质量逐步同质化的今天,稳定的、服务较好的预混料就是好的预混料,所以,在预混料的选择过程中,应选择规模较大,具有一定实力,生产规范、采用三级预混工艺的预混料产品。

④搅拌均匀度。一个饲料当中含有 40～50 种的原料,其含量由每吨中几十克(如某种药物)到每吨中的 600～700 千克(如玉米),如果搅拌不均匀,就不能使畜禽在每次采食当中采食到每一种营养和非营养添加剂成分,使鸡对某种营养物质采食过多造成浪费;或者采食不足,出现营养缺乏症。全价料的变异系数应小于 10%。

⑤饲料生产和贮存,防雨、防晒、防霉变。前面已讲过饲料生产的环节中应注意的一些问题,在农村饲养过程中,有的农户在水泥地面搅拌饲料,搅拌完后不及时打包,日照、暴晒均会造成饲料中的维生素严重损失,药物失效,包括雨淋等,所以生产完好的饲料均应贮存良好,防雨、防晒、防霉变。保证喂到畜禽口中的是营养均衡、品质优良的饲料,这样畜禽才会给你一个高的回报。

5. 农村肉鸡饲料常用原料营养成分(表 8)

6. 肉鸡饲料推荐配方(表 9)

添加剂中包括:维生素、矿物质、球虫药及其他抗生素、酶制剂等饲料添加剂。

表 8　农村肉鸡饲料常用原料营养成分

原料	代谢能(兆焦/千克)	蛋白(%)	钙(%)	磷(%)	有效磷(%)	赖氨酸(%)	蛋氨酸(%)	蛋氨酸+胱氨酸(%)
玉米	13.52	8.0	0.02	0.21	0.17	0.23	0.17	0.39
稻谷	10.88	7.8	0.03	0.36	0.20	0.29	0.19	—
高粱	12.31	9.0	0.13	0.36	0.17	0.18	0.17	0.29
小麦	12.73	13.9	0.17	0.41	0.13	0.30	0.25	0.24
麸皮	8.99	15.5	0.14	0.92	0.24	0.63	0.23	0.55
次粉	10.09	16.0	0.15	0.48	0.10	0.63	0.23	0.55
豆粕	9.63	43.0	0.25	0.60	0.18	2.82	0.65	1.54
豆饼	10.55	42.0	0.20	0.60	0.15	2.64	0.63	1.43
棉子粕	9.21	40.0	0.36	1.02	0.20	1.65	0.60	1.32
菜子粕	9.5	36.8	0.79	0.96	0.32	1.10	0.68	1.48
棕榈粕	41.86	16.2	0.15	0.41	—	0.53	0.31	—
玉米胚芽	16.2	17.5	0.71	0.32	0.10	0.80	0.23	0.53
花生饼	11.09	44.5	0.15	0.55	0.16	1.50	0.45	1.02
葵花子饼	6.95	28.7	0.65	0.81	0.08	0.96	0.59	0.61
膨化大豆	16.12	36.0	0.31	0.59	0.33	2.40	0.54	1.09
THB 酵母	10.88	44.5	0.24	0.52	0.16	1.90	0.96	1.43
豌豆蛋白	12.56	54.0		0.20	0.10	4.20	0.54	1.44

续表 8

原料	代谢能(兆焦/千克)	蛋白(%)	钙(%)	磷(%)	有效磷(%)	赖氨酸(%)	蛋氨酸(%)	蛋氨酸+胱氨酸(%)
绿豆蛋白	—	55.0	—	—	—	4.38	0.67	0.89
水解羽毛粉	10.47	80.0	0.33	0.02	0.00	1.18	0.98	3.76
秘鲁鱼粉	12.14	60.0	4.20	2.60	2.60	4.20	1.80	2.40
玉米蛋白	13.6	53.2	0.06	0.42	0.10	1.54	1.30	2.03
全脂菜子	18.21	20.3	0.40	0.59	0.19	0.99	0.38	0.98
笼养鸡粪	8.37	29.5	7.80	1.31	0.40	0.50	0.12	0.37
芝麻粕	8.96	39.0	—	—	—	0.82	0.82	1.57
DDG	5.23	30.0	—	—	—	0.51	0.80	—
乳清粉	14.4	12.0	0.87	0.79	0.79	1.10	0.20	0.50
石粉	—	—	35.30	—	—	—	—	—
磷酸氢钙	—	—	22.00	16.80	16.80	—	—	—
骨粉	—	—	29.60	13.20	13.20	—	—	—

表 9 肉鸡饲料推荐配方

%

原料	仔鸡前期		仔鸡中期		仔鸡后期		种鸡育雏期	种鸡育成期	种鸡产蛋期
玉米	58.8	59.5	61.7	64.1	65.1	67.8	64.77	63.78	64.81
豆粕	33	34	30	28	27	20	31	21	24
膨化大豆	—	—	—	—	—	6	—	—	—
棉子粕	—	—	—	2	—	2	—	—	—
小麦麸	—	—	—	—	—	—	—	11	—
鱼粉	2	3	1.5	2	1	—	—	—	—
磷酸氢钙	1.5	1.4	1.4	1.56	1.4	1.4	1.5	1.4	1.7
石粉	1.2	0.6	1.3	0.8	1.4	1.1	1.2	1.3	8
食盐	0.3	0.3	0.3	0.3	0.3	0.3	0.3	0.3	0.3
油	2	—	2.5	—	2.5	—	—	—	—
胆碱(50%)	0.1	0.1	0.1	0.1	0.1	0.1	0.12	0.1	0.1
赖氨酸	—	—	0.06	0.08	0.06	0.14	—	0.06	—
蛋氨酸	0.14	0.1	0.14	0.1	0.14	0.12	0.11	0.06	0.09
添加剂	1	1	1	1	1	1	1	1	1

第五章 肉仔鸡育雏期的饲养管理

肉用仔鸡的生物学特性与蛋用雏鸡有许多不同。肉用仔鸡性情温驯，飞跃能力差，生长快，体重大，骨脆易折，胸骨容易弯曲，容易发生胸部囊肿。所以在饲养方式上有其特殊性，需采取措施，以提高肉用仔鸡的产品合格率，提高经济效益。

肉用仔鸡饲养管理特点是肉用仔鸡一般长到7～8周龄时，体重为2.0千克以上，此时出栏则鸡肉细嫩，皮柔软。因其生长期短，增重速度快，所以必须做到合理的饲养管理，以取得最佳的经济效益。

一、肉仔鸡的特性

1. 早期生长速度快，群体发育性能好、商品率高　正常情况下，肉鸡出壳体重为40克左右，饲养到7周龄末的体重为2千克左右，此时的体重是出壳体重的50多倍，这是任何其他家畜都无法比拟的。肉鸡群体发育较为均匀，一般商品合格率在95%以上。有人将肉仔鸡的前期生长比喻成“百米赛跑”饲养技术稍有疏忽，其损失就难以补救。

2. 肉鸡的抗病能力较差，对疫苗的反应较弱

(1)肉鸡的快速生长，使机体的大部分体力和营养都消耗在长肉方面了，抗病能力相对较弱，容易发生慢性呼吸道病、大肠杆菌病等一些常见性疾病，一旦发病还不易治好。肉鸡对疫苗的反应也不如蛋鸡敏感，常常不能获得理想的

免疫效果，稍不注意就容易感染疾病。

(2)肉鸡的快速生长也使机体各部分负担沉重，特别是3周内的快速增长，使机体内部始终处在应激状态，因而容易发生肉鸡特有的猝死症和腹水症。

(3)由于肉鸡的骨骼生长不能适应体重增长的需要，容易出现腿病。另外，由于肉鸡胸部在趴卧时，长期支撑身体的重量，如果后期管理不善，常常会发生胸部囊肿。

3. 饲养规模　肉鸡的一个优点是性情温驯，运动速度较缓，飞跳也不如蛋鸡激烈，适合于大规模的平养。

4. 饲养密度大　肉用仔鸡性情温驯相对较安静，不好动，除了饮水吃料外，很少跳跃打斗。特别是后期如果饲养环境控制得好，可以在一栋鸡舍内较大密度地饲养，从而可降低饲养成本。

5. 饲料转化率高　随着人们对肉鸡养殖业的重视，畜牧科技人员对肉鸡的饲养和营养等进行了越来越多的研究，并得出许多科学结论，人们认识到全价饲料更能符合肉鸡的生长需要，而制成颗粒料就能有效的提高饲料转化率。所以在一些较大型的肉鸡养殖基地，料肉比已经达到了1.8∶1，充分发挥出肉鸡高效节能的生产潜力。

6. 生产方式灵活　肉鸡生产既适合于大规模机械化生产，又适合于基地联营或农户的小范围分散养殖。

肉用仔鸡从出壳到出售，一般分为育雏期和育肥期两个阶段。育雏期是从出生到4周龄为给温期，这个阶段需要人为地给鸡群提供热源；5周到出售(8周龄左右)为育肥期，不给温期。

育雏和育肥同样都是养鸡的关键时期。不管是种鸡还是仔鸡，其最佳生产力取决于雏鸡生长初期的良好发育，所以必须满足雏鸡的基本需要。

二、育雏前的准备工作

在雏鸡进入鸡舍前1周左右，必须将各项育雏准备工作做好，才能保证顺利育雏和雏鸡的健康生长。准备工作有以下几个方面：

1. 人员安排　育雏期需要安排责任心强，热爱工作并有一定饲养技术基础或经过一段时间的专业培训的饲养员。为了防止雏鸡感染疾病和维持管理条件相对稳定，饲养员最好不做更换。同时制定合理的饲养计划，做到有计划地进雏、周转，使全年均衡生产。

2. 鸡舍和设备的准备与维修　每批肉鸡出栏后，必须立即清除鸡粪、垫料等污物，并彻底冲刷鸡舍各部位。进雏前还要对鸡舍进行全面的检查，要防止老鼠，对鸡造成伤害。南窗要能通风，以便换气，防止鸡舍内氨气、二氧化碳浓度过高。北窗要严闭，以防贼风进入，造成鸡着凉。检修后要进行熏蒸消毒，2天后开启门窗通风并要提前供温，达到雏鸡要求的环境温度，一般在进鸡24小时前要准备完毕，使整个鸡舍内的温度平衡均匀。同时准备好水槽、料槽及供热设备等。

水槽和料槽最好要用消毒水浸泡后再使用。育雏室门口要配备消毒池，进出育雏室和鸡舍要更换工作服、工作鞋、工作帽，饲养人员可用2%的新洁尔灭溶液洗手消毒。

如果是笼养则要提前准备好育雏笼；网上平养应准备好底网；地面平养要提前准备好垫料。垫料要求干燥、清洁、柔软、吸水性强，无尖、硬杂物，并且要准备足够更换的垫料。

3. 准备饲料　进鸡前除了准备其他应用工具外，还要准备好一定数量的饲料，以防耽误雏鸡开食和正常的采食。如果是冬季需要提前将饲料送进育雏舍，使饲料预热以减少对雏鸡胃肠的刺激。

4. 准备疫苗和药品　提前拟定好免疫程序，将肉鸡要用的各种疫苗、预防药物、治疗药物、消毒药物都准备充足。

三、雏鸡的选择

为获得较高的成活率，并使鸡群的生长发育一致，无论是从种鸡场购买还是自己孵化，都应该选择健康的雏鸡进行饲养。

选雏时可以根据雏鸡的出壳时间选择强雏。一般同批孵化中早孵出的雏鸡质量好，晚孵出的质量差一些，最后剩的鸡底最差。健康雏鸡的特征是眼大有神，活泼好动，叫声响亮，绒毛光滑、清洁，腹部柔软、平坦，蛋黄吸收良好，脐部愈合良好，喙、眼、腿、爪等不畸形，脚趾圆润，没有存放时间过长而干瘪脱水的迹象。泄殖腔附近干燥，没有黄白色的粪便粘着，手握雏鸡有弹性，挣扎有力，体重均匀，符合品种要求。

四、接雏时间

雏鸡出壳，绒毛干燥后捡出，注射完马立克疫苗后即可接运。运雏的时间越提前越好，最好能在 36 小时以内到达目的地，以便雏鸡及时饮水和开食。时间过长，对雏鸡的生长发育和成活率有影响。

五、雏鸡的运输

1. 装雏工具及运输工具　最好用专门的运雏盒，也可以用柳条筐、草窝等仿制品代替，无论采用何种运雏工具，都应垫料柔软，密度适中，保温通气，细心照料。所有工具使用前应进行严格地消毒。尽量选择平稳快速的交通工具。早春、冬季尽量在中午接雏，夏季应在早晨或傍晚进行运输。要选择最佳途径，尽快将雏鸡送达到养殖场，以保证对雏鸡造成的不良影响降至最低。

2. 运输中的注意事项　随着养鸡业的发展，长途运输雏鸡已成为鸡场日常的重要工作，这是一项细致而辛苦的技术工作，稍有疏忽会使雏鸡着凉、过热、挤压、闷死，因此在运输雏鸡时应注意下列事项：

(1)挑选责任心强，有一定专业知识的人员，选择技术较好的驾驶员担任运输工作。

(2)运输车辆的车况良好，在运送前应做好清洁消毒工作。

(3)运输雏鸡，尽量做到迅速及时，舒适安全，应在雏鸡绒毛干后开始，至出壳后 24 小时之前完成，远地运输不超过 36 小时，以免中途喂水喂料的麻烦，路程过远可用飞机运送。

(4)运输雏鸡可用专用的雏鸡纸箱，既能保温又可通风，箱的四周和上盖有通气孔，箱底铺上 2～3 厘米厚垫料。也可用竹筐等用具，要注意筐内容纳鸡数，放置要平。雏鸡纸箱或筐之间，要留有通气处，顶部要有一定空间。

(5)根据气温情况，选择运输时间，气温高时宜选早、晚运输，途中要经常检查雏鸡动态，以免热、闷、挤压。气温低

宜选中午运输，备好保温物品以免着凉。

(6)运输途中行车要稳而平，切忌停车，随行人员要勤观察雏鸡状态特别在车上下坡或停车 30 分钟以上时，如有异常情况要及时采取措施。

(7)雏鸡到达目的地后，将雏鸡箱(筐)先放在育雏室休息，然后再放入育雏伞下保温，先喂水后喂料。

六、雏鸡的饲养管理

育雏期是雏鸡生长发育最旺盛的阶段，也是最娇嫩的时期，任何饲养管理的不当都会使雏鸡生长发育受阻。

1. 雏鸡安置　雏鸡到达目的地后，应迅速将雏鸡放进育雏室，及时检查清点，捡出死雏，最好能将强弱雏分开，放在不同的育雏器或圈栏中，将较弱雏放在室内温度稍高的位置饲养。

雏鸡先饮水后开食，必须让雏鸡迅速学会饮水，尤其是长途运输后的雏鸡更应及时让其饮上水，最好在雏鸡出壳后 24 小时就能饮上水。由于刚出生的雏鸡从较高温度和湿度的孵化器中出来，又在出雏室内停留，加上运输，其体内水分丧失的较多，所以适时地饮水可以补充雏鸡生理上所需要的水分，有助于促进雏鸡的食欲，帮助消化与吸收，促进胎粪的排出。

雏鸡入舍后，开始可将饮水配成含 5%葡萄糖和 0.1%维生素 C 的饮水。以减轻运输时的应激，有利于提高成活率。必要时由饲养员教小鸡饮水，方法是用手抓住小鸡，将小鸡喙部伸入水中，然后将小鸡头部仰起，强饮 3～4 次，约有 0.5 天时间，小鸡就学会自己饮水。在 2 周内最好给雏鸡饮温开水，尤其是在冬季可按规定浓度加入抗生素，有利于某些疾病的控制。

雏鸡开始饮水后，不要再断水，以免由于口渴狂饮或拼命争水，使鸡身体挤湿受凉，引发疾病或互相践踏造成死亡。

2. 开食　一般开食在雏鸡饮水后 2～3 小时进行，当有 60%～70%的雏鸡可随意走动，并用喙啄食地面有求食行为时，应及时开食。

开食时最好能安排在白天，夜间要增加光照强度，使每只雏鸡都能很容易地看到饲料。有条件的可采用破碎的颗粒饲料，既可刺激鸡的食欲，又保证了全价营养，减少了饲料浪费。饲养员将饲料撒在纸盘或塑料盘上，让小鸡能认识饲料。开始有几只雏鸡跑来啄吃，其他雏鸡就会模仿。饲养人员要将靠在边上不吃食的雏鸡捉到啄食的雏鸡中间去，让不会吃食的雏鸡也慢慢地学会采食。每次撒料不宜过多，以吃尽为好，既避免浪费，又可避免雏鸡挑食而造成吃进去的营养物质的不平衡。

雏鸡开食的饲料，要求营养浓度高、易消化吸收、适口性强。肉鸡给料次数在前 2 周每天至少 4～6 次，其中早晨 5 时和晚上 22 时必须各喂 1 次。第 3～4 周每天 4 次，5 周后每天 3 次。饲养肉仔鸡必须供料充足，不能断料。

饲料使用前注意检查有无因为存放不当造成的饲料霉变、结块变质的现象，绝对不能使用已经变质和过期的饲料，以免造成严重损失。

3. 饲养密度　饲养密度一般根据季节和肉鸡的体重情况来适当调整。如果饲养密度过大，肉鸡的休息、饮食都不方便，鸡群秩序混乱，环境越来越恶化，则鸡群生长缓慢，疾病增多，生长很不一致，死亡率增加。饲养密度是否合适，主要是看能否始终维持鸡舍内的适宜的生活环境(表 10)。

冬季地面平养，因为通风受温度的限制，易发生呼吸道病，一般情况不要增加饲养密度。饲养经验不足的农户，一开始以较低的密度饲养肉鸡，可以获得较高的成功率。

表 10　肉鸡的饲养密度

饲养方式	地面平养（只/平方米）		网上平养（只/平方米）	
最终体重	夏冬	春秋	夏季	春秋冬
1.8 千克	10～12	12～14	12～14	13～16
2.5 千克	8～10	10～12	10～12	10～13

4. 环境控制　环境条件好坏直接影响到雏鸡的成活率和生长速度。肉用仔鸡对环境条件的要求更为严格，生长与环境的关系更为密切，一旦受到影响后果严重且难以补偿。应当给予特别重视。

（1）温度。育雏温度对肉用仔鸡的体温调节、运动、采食、饮水以及饲料的消化吸收等都有很大影响。育雏前期的温度不足或育雏温度过低，雏鸡表现为密集扎堆，行动迟缓，影响采食，使饲料转化率降低，卵黄吸收不良，严重时可因挤压致死，易发生感冒、下痢等疾病。温度过高，影响雏鸡正常的新陈代谢，食欲降低，饮水过多，体质弱，生长发育减慢，也易发生啄癖。

当外界温度与体温相差 8℃以上时，容易造成死亡。前 2 周雏鸡自身体温的调节机能较差，需要依靠环境温度来调节。

肉用雏鸡出壳后的体温是 39～41℃。由于刚出壳的雏鸡无体温调节能力，一般要到 15～20 日龄其体温调节机能发育良好之后，才能保持体温处在恒定的状态，所以合适的温度乃是育雏成功的关键。比较理想的育雏环境温度应有高、中、低之别，由于温差的原因，可以促使空气对流，也能使雏鸡自由选择有适合自己需要温度的地方，虚弱的雏鸡可以选择温度较高的地方。

育雏的温度在头1周内尤为重要，头3天温度可定得稍高，32～35℃为高温处，21～26℃为低温处。用温度计测量室温，温度计应挂在距离热源远的墙上，高出垫料1米处。随着周龄的增长，育雏室的温度可按每周递减3℃的降温速度降温，直到16℃左右，如果降温速度太快，肉雏不容易适应，降温速度太慢对羽毛生长又不利，千万不要使温度忽高忽低。育雏期间所采用的温度，随季节、气候、饲养方式、雏鸡体质等情况灵活掌握，以达到理想的饲养效果。在炎热季节或炎热地区，要采取有效的降温措施，并实行夜间饲喂，必要时采用凉水拌料，以促进采食、增重。

(2)通风换气。由于肉用仔鸡常采用高密度饲养，加之生长速度快，肉鸡的生命活动离不开氧气，随着体重增大，呼吸量也明显增加。因此，必须根据气温和肉仔鸡的体重和周龄，在保持鸡舍适宜温度的同时，不断调整舍内的通风量。

在任何情况下，绝不能忽视舍内的空气流通。良好的通风是极为重要的，充足的氧气能促进鸡的新陈代谢，保持健康和提高饲料转化率。通风的目的是排出舍内的水汽、氨气等有害气体、尘埃以及多余的热量，为鸡群提供充足的新鲜空气。如果通风不良则鸡舍往往氨气浓度过高。一般要求氨气浓度在20毫克/升以下。超过20毫克/升以上，时间稍长就会影响增重速度，降低饲料转化率，胸部囊肿的发生率增加，肉鸡等级下降。

在实际生产中，饲养人员可凭感觉测定，舍内的氨气浓度进入鸡舍闻到刺鼻的氨味或浓厚的碳酸气味时，应打开门窗更换空气。但不能使冷风直接吹到雏鸡身上，切忌贼风和穿堂风，饲养人员要特别注意那些雏鸡不经常活动的地方和门窗，检查有无漏风，如有漏风必须及时堵塞，以防雏鸡发生感冒等呼吸道疾病。

(3)湿度。肉用仔鸡对湿度的要求与蛋鸡基本相同。湿度大小对雏鸡的生长发育关系很大。雏鸡从相对湿度70％的出雏器中孵出，如果随即转入干燥的育雏室内，由于雏鸡体内的水分散失过大，对腹中剩余卵黄的吸收不利。饮水过多又容易引发下痢，湿度过低可以引起雏鸡脱水，脚爪干瘪。所以，在育雏的前2周应保持较高的湿度，特别是前3天，可用水盘或水壶放在火炉上烧水，或在墙上喷水，以补充室内水分。在适宜的温度范围内，理想的相对湿度是60％～65％，在40％～70％之间鸡也感到舒适。在一般情况下湿度不是重大问题，但应特别注意在高温和低温情况下温度和湿度之间的平衡关系；当温度高湿度大时，容易形成闷热的环境，对鸡的生长具有明显的不利影响。因为鸡体内的热量，主要是通过加快呼吸来排除。通过呼吸排除的热量，在高湿度条件下，扩散的速度很慢，同时鸡呼出的湿气也不容易被潮湿的空气吸收，所以高温与高湿影响肉用仔鸡的生长。随着日龄的增长，雏鸡的呼吸量和排粪量逐渐增多，育雏室内容易潮湿，因此，要注意不让水溢出饮水器，勤换或勤添加干垫料，使其充分吸收湿气，加强通风换气。室内湿度过大，就为病菌和虫卵的繁殖创造了有利的条件。常见的有曲霉菌病和球虫病，就是在潮湿的饲养环境下发生的。相反，当环境温度过低时，在湿度大的情况下，鸡体辐射产生的热量，大部分用于吸收过多的湿气，以致难以增加鸡舍的室温。舍内相对湿度低于40％以下，肉用仔鸡羽毛生长不良，空气中尘埃大量增加，容易导致呼吸系统疾病的发生。

(4)光照控制。肉用仔鸡和蛋用雏鸡的光照目的不同，光照制度也不完全相同。对蛋用雏鸡给予光照的主要目的是控制性成熟的时间，而对肉用仔鸡光照的目的是延长采食时间，加快生长速度。

光照是鸡采食、饮水必备的条件。鸡舍的光照来源于两个方面：一是阳光；二是灯光。阳光中的紫外线不仅可以促进雏鸡的消化作用，增进健康，而且还可以帮助形成维生素D，有利于钙磷的吸收，骨骼的生长，防止佝偻病和软脚病的发生。此外，阳光还有杀菌、消毒以及保持室内温暖干燥的作用。一般在雏鸡出壳4～5天后，在无风、暖和的中午可适当开窗，使雏鸡晒太阳，以后可以逐渐增加开窗时间，有条件的可将鸡只放到室外活动。

①光照时间。

a. 延长光照时间是为了延长肉鸡的采食时间，促进生长。一般情况下可采取每天22小时光照，2小时关灯的方法。农村常常有前半夜停电现象，来电时再开灯也并不很影响肉鸡的生长，并非24小时都照明。肉鸡吃得多，也需要有黑暗睡眠的时间。这2小时的黑暗只不过是为了使鸡知道有黑暗这么一回事，免得在光照出现故障，如停电等情况时，鸡发生惊慌。

b. 在第2周以后实行晚上间断照明，即开灯喂料，采食后熄灯。但须注意每次要有足够的采食时间，否则会影响采食量，而且会导致生长不整齐。这种方法主要好处是使鸡有足够的休息时间，而且省电。

c. 在炎热的夏季，肉鸡主要靠在夜间凉爽时采食，夜间应该尽可能地保持较长时间的光照。

d. 近年肉鸡的猝死症和腹水症等疾病影响到肉鸡的成活率，这都和肉鸡前期增长过快有关。为提高成活率，可

以将第 2 周的光照改成 12～14 小时，第 3 周的光照时间为 16～18 小时，以后再恢复为 22 小时光照。

②光照强度。刚出壳头 3 天的幼雏，由于视力弱，为了让肉雏鸡熟悉环境，学会饮水采食，光照强度头 3 天稍强些，以 10 勒为宜即光照强度为每平方米 2.5～3 瓦。但光照过强可能会引发雏鸡啄癖的发生，且会增加雏鸡的运动量，降低饲料转化率，以后的光照强度逐渐减弱到每平方米1～1.5 瓦就够了，一般 20～30 平方米的面积有一个 25 瓦灯泡悬挂于 2 米高处，即 2.5～5 勒(克斯)即可。尤其是育肥后期若光照过强会引起雏鸡的神经质，焦躁不安，易惊慌，活动多，增重慢而耗料快，甚至产生啄癖。后期还可以减少几个灯泡。白天也需采取适当措施限制部分自然光照的直接照入，较弱的光照可以使鸡群保持安静，减少恶癖发生，有利于育肥。

七、育雏期的日常管理

1. 注意观察鸡群

(1)精神状态。早晨进鸡舍先注意鸡群的神态，注意鸡群的活动、叫声、休息等是否正常，对刺激的反应是否敏捷，分布是否均匀。有无扎堆、呆立、羽毛蓬乱、膀下垂、采食不积极的雏鸡。

(2)观察粪便。早晨喂料间在垫料上铺上几张纸，就可以清楚地检查粪便状况。正常粪便为成形的青灰色，表面有少量白色尿酸盐。绿色粪便多见于新城疫、马立克氏病、急性霍乱等，血便多为球虫病、出血性肠炎等，感染法氏囊病时为白色石灰样下痢。

(3)注意在夜间倾听鸡群内有无异常呼吸声，在个别鸡只出现呼吸道症状时，立即注意改善环境和投药，就可能避免过大的损失。

2. 每天都需注意舍内环境是否适宜于鸡群的生长　每天必须根据鸡群状况、鸡群的日龄、昼夜环境的变化，每隔 2 小时检查一次鸡舍内环境。

3. 检查、记录鸡群的采食量和饮水量　正常情况下，采食量和饮水量随着鸡日龄的增长而缓慢增长，采食量和饮水量的明显下降，常常是发病的先兆，应立即检查鸡群和饲养管理状况，及时采取有效措施。

4. 喂料

(1)1～3 日龄，每隔 2 小时饲喂 1 次。4 日龄前可将饲料撒在纸或塑料布上饲喂。

(2)饲喂量从每只鸡 0.5 克/次开始，逐渐增加。4 日龄之内，每次的饲喂量应控制在雏鸡于 30 分钟左右能采食完，每 2 小时喂 1 次。

(3)在 4 日龄前，如是使用粉料，应拌入 30%的饮水，拌匀后再喂。

(4)4～21 日龄，每隔 4～6 小时喂 1 次。从 4 日龄开始逐步换用料桶喂料，逐步地减少在纸和塑料布上的喂料量，3 日之后完全转为用料桶喂料。可以逐渐减少饲喂次数，2 周后每日喂 5～6 次。

(5)记录每日的饲喂量，计算每只鸡每日的大致采食量，当采食量有异常时，应该注意鸡群情况，立即采取相应措施。

(6)注意经常调整料桶高度，使其边沿与鸡背高度相同，以减少饲料浪费。

(7)饲料应该贮存在阴凉、干燥处，离地 30 厘米以上，饲料袋与墙壁之间应该留有 20 厘米的空隙。夏季购入的饲料，最好能在1～2周内用完。冬季购入的饲料存放期也不应超过1个月。

5. 给水　每天洗刷消毒饮水器。3日龄内给鸡饮用20℃左右的温开水，之后用干净的井水或自来水，除饮水免疫、饮水投药之外，在饮水中按要求的浓度加消毒药。饮水器不得停水，饮水器不可漏水。

6. 每天早晨更换脚踏消毒池的消毒液，保证消毒药的有效性

7. 每天下午翻动整理垫料，及时清除污染严重和潮湿的垫料　前期灰尘大时，喷消毒药以增加垫料的湿度。后期则要通过加强通风换气来维持垫料的正常状况。每周更换一次雏鸡睡卧休息处的垫料。

8. 消毒　每隔天进行1次舍内带鸡喷雾消毒，每周清扫和用2%的火碱或生石灰浆消毒1次舍外环境。

9. 每日认真做好记录　包括投药情况，耗料和死亡等。

八、育雏期的常见问题

1. 降低雏鸡死亡，提高育雏成活率　肉用仔鸡生长速度快，对疾病的抵抗能力弱，对营养的要求高。因此，要给予精心的照料，以防育雏期死淘率过高。

（1）选择性能良好的肉鸡品种，并且从管理良好的种鸡场购买雏鸡。

（2）建立完善的疫病控制系统，严格按免疫程序及时接种疫苗，必要时做预防投药。种用雏鸡出壳后24小时内开始注射马立克疫苗，以后应按一定的防疫程序及时接种各种疫苗。从雏鸡的生理特点看，稍不注意就容易发生马立克

氏病、鸡新城疫等急性传染病，一经传播开就很难控制。所以接鸡时就应该向场方索要有效的防疫程序，并且要根据本场的实际情况，及时接种，药物预防也是很重要的，以预防为主，特别是球虫病和白痢病的预防。从各类鸡场雏鸡死亡原因分析看，因鸡白痢和球虫病造成雏鸡死亡的占很大的比例。根据这两种病症的流行病学，除了对它们的发病机理、发病原因做分析外，应从种鸡开始抓起，进行白痢检疫，淘汰阳性鸡，认真对种蛋和雏鸡及饲养环境消毒，切断病原。另外，要及时进行药物预防和治疗，防止疾病的发生和传染。

(3)控制好饲养环境，严格消毒，防止脐部感染，减少应激。由于孵化器、育雏室、种蛋及各种用具的消毒不严，容易导致各种细菌，如大肠杆菌、沙门氏菌等。因脐孔闭合不好而侵入卵黄囊，造成发炎，即发生脐炎。所以要对孵化器、育雏室、种蛋及各种用具进行严格的消毒，工作人员进入工作区也应经过认真消毒。另外，育雏温度正常，卵黄吸收良好，也可以大大降低感染率，减少死亡。

育雏室温湿度及通风换气问题要处理好，雏鸡的感冒、肺炎等一些疾病的发生，主要是由于温湿度控制不好或通风换气差造成的。另外穿堂风、贼风也应该注意，防止雏鸡为避冷而堆压造成死亡。

(4)适时开水，防止脱水。由于运输时间过久或者由于疫苗注射时间过长，雏鸡不能在 24 小时以内开始饮水，都会导致雏鸡因脱水而造成死亡。所以，一定要及时为雏鸡开水，促进其新陈代谢。

(5)在 2～3 周龄内适当控制肉鸡的生长，以减少猝死症和腹水症的发生率。方法：①减少饲喂量，使雏鸡的采食量为肉鸡自由采食量的90％左右；②降低饲料的营养水平，也可在第3周开始逐渐换用2号肉鸡料；③在第2～3周龄用减少光照时间的方法，减少肉鸡的采食时间。一般光照时间可控制在12～16小时之间。

(6)改善饲养管理，尽可能地缩短出栏日龄。

(7)防止中毒。在用各种药物进行预防和治疗时，一定要严格按规定的剂量投药，防止因搅拌不匀或投药量过大而造成死亡。一些药物，如马杜拉霉素，最高治疗量和中毒量非常接近，在使用过程中尤其应该注意。用煤炉供暖，要防止煤气中毒。

2. 减少肉鸡的应激　肉鸡的快速生长所造成的娇嫩体质，加之大规模高密度的饲养方式，使肉鸡特别容易受应激。应激用通俗的话来说就是使鸡群在生理上和心理上处于严重的紧张状态。在应激状况下，肉鸡的生理活动不正常，胸腺、法氏囊和脾脏等免疫器官萎缩，体内淋巴细胞减少，采食量减少，消化功能紊乱，生长迟缓，抗病能力下降，严重时诱发各种疾病。有人指出，肉鸡易发的呼吸道病正是由于在感染某种病原微生物的基础上，又感染上了另一种病原微生物，然后再加上应激才引发的。认为环境应激在里面起相当重要的作用。可见减少肉鸡的应激，在生产上具有重要意义，可以造成肉鸡应激的有以下一些因素：

(1)病原微生物感染和疾病。

(2)接种疫苗。

(3)投予的药品虽然治病，对身体也可能有一定毒性和副作用。

(4)饲料中某种营养不足或过剩，或某些物质引起中毒。

(5)温度的不适宜或急剧变化，湿度过大。

(6)饲养密度过大。

(7)通风换气不良,舍内氨气、尘埃过多。

(8)噪声。

(9)捕捉等。

对可以避免的应激应该尽可能地减少。对诸如免疫之类不可避免的应激,也应该设法减缓应激程度,尽量控制在鸡群能承受的范围内。

3. 肉鸡的防暑　肉鸡是比较不耐高温的,夏季 40 日龄之后的肉鸡,日采食量基本上不再增长。因而日平均增重也有下降的趋势。如果没有较好的防暑措施,肉鸡不仅生长缓慢,部分体大的肉鸡还可能中暑而亡,严重影响肉鸡生产效益。肉鸡受热应激的标志为热喘息。

(1)在高温季节,如情况许可,则尽可能地减少饲养 40 日龄以上的肉鸡。

(2)要特别重视第一次热浪的冲击,因为对突如其来的高温,肉鸡很不适应,很可能会造成严重损失。

(3)减少饲养密度,炎热季节每平方米饲养 8 只左右为好,可以提前出售部分大的公鸡。

(4)增强房顶的隔热能力,采取遮光措施挡住直接射入的阳光,减少太阳辐射热的进入。

(5)有条件时,启用通风设备,使吹到鸡身上的风速能达到每秒 1.5 米以上。最好采取纵向通风、水帘降温。

(6)勤换饮水,保证让肉鸡喝上清凉的饮水。

(7)下午 14 时左右冲洗肉鸡舍的屋顶和西北墙面,可以减少进入鸡舍辐射热。

(8)在舍外搭遮阳棚,让部分肉鸡到舍外饲养。

(9)饲料多用油脂和氨基酸,组成容易消化利用的高能高氨基酸全价饲料,可以减少肉鸡体热的产生。

(10)饲料中添加维生素 C,一般添加量为 200 毫克/吨,还可以加入小苏打，按 0.2%的量添加等，可以提高肉鸡的抗热应激能力。

(11)注意天气预报，对气温特别高的日子，为减少体重大的肉鸡的死亡，从上午 6 时开始停料，只供清凉饮水。这样可以减少肉鸡在高温时的热产生，减少死亡率。

第六章　肉仔鸡育肥期的饲养管理

肉仔鸡22～56日龄称为育肥期，特别是28日龄后体重增长明显，进入了真正的长肉时期。育肥期的长短是由经济效益来决定的，而经济效益是受品种性能、生长速度、饲料效率、屠体品质、市场要求、价格等多种因素影响。

一、肉仔鸡生长环境的控制

环境条件的好坏直接影响到雏鸡的成活率和生长速度，肉用仔鸡对环境条件的要求较高，应予以特别重视。

1. 温度　由于肉用仔鸡日粮的能量、蛋白质含量较高，生长很快，后期皮下积有一定量的脂肪，此时的温度虽不如育雏时显得那么重要，但对于肉仔鸡的生长和饲料的采食量都是一个很重要的因素。后期如温度偏高则会增加死亡率和降低屠体等级，而且对羽毛生长不利。温度从第5周起，环境温度保持在20～25℃对增重速度和饲料报酬都最为有利。这是肉用仔鸡对温度要求的一个特点。在蛋用雏鸡5周龄后对温度要求不严格，影响不大，但在肉用仔鸡影响就很明显。有试验证明，对公母混群饲养的鸡群，鸡舍内温度升高或降低，鸡群的采食量和体重都有变化，在适宜的温度范围内，温度每增加或降低1℃，到8周龄时体重约减少20克/只。对采食量的影响是温度每增加1℃，8周龄总采食量减少50克/只，每降低1℃，8周龄总采食量增加50克。这说明肉用仔鸡整个饲养期内都要十分注意温度的

控制。在整个饲养期内要求鸡舍的温度保持恒定且均匀一致。公鸡体重随温度上升而有较大的下降，如果在10～20℃的舍温时，公鸡的饲料转化率比母鸡高，所以在肉仔鸡的生产中，如果能实行公母分开饲养，只要对温度实行最好的控制，就可以降低公鸡的饲养成本。

2. 湿度　肉仔鸡育肥期要求的湿度范围较大，一般相对湿度在50%～65%，如果是平养则只要保证垫料不湿就可以，特别注意冬季的舍内湿度，因为冬季通风时间少，若垫料较湿则湿度偏大，容易形成低温低湿的环境，不利于肉鸡的生长，所以冬季要勤更换垫料，同时注意适度的通风。夏季在多雨季节时更要勤换垫料并加大通风量，以降低舍内湿度，减少或杜绝球虫病、大肠杆菌病和葡萄球菌病的发生。

3. 通风　合理的通风换气，能保持鸡舍的温度适宜；能排出鸡舍内过多的水分，使舍内保持合适的湿度；能清除舍内空气中的灰尘、微生物以及舍内产生的氨、二氧化碳、硫化氢等有害气体，保持舍内空气的新鲜。鸡舍内氨气是鸡的粪便在一定湿度和温度条件下，分解产生的有毒气体，一般舍内允许的氨气浓度不宜超过20毫升/平方米，硫化氢可在6.6毫升/平方米以下，二氧化碳以不超过0.15%为好。

在实际生产中，许多饲养者在育雏初期往往只重视温度而忽视通风，严重时会造成中后期肉鸡的腹水症增多。在2～4周龄时的通风换气不良，有可能增加鸡群慢性呼吸道病和大肠杆菌病的发病率。中后期的肉鸡对氧气的需要量不断增加，同时排泄物增多，必须在维持适宜温度的基础上加大通风换气量，此时的通风换气是维持舍内正常环境的主要手段，舍内适量新鲜空气的流通是保证肉鸡健康和强壮的先决条件。鸡只不断生长，氧气的需要量就不断增加，充足的通风量是供氧的主要手段，但在通风的同时，对有窗舍要注意避免贼风的产生，尤其是在冬季更要注意。

肉鸡舍的最大通风量，冬季为3.75立方米/小时，夏季为5.6立方米/小时。

4. 光照　光照对于肉用仔鸡的生长发育和健康是不可缺少的条件。肉鸡在3周龄后，要采用强度较小的光照，一般每20平方米安装一个15瓦的灯泡，也就是人在鸡舍内能看到书上的字就行，这样保证鸡能看到料桶和水盘。育肥期尽量避免强光，以免使鸡群烦躁不安而休息不好，影响长肉，还容易产生啄癖。整个鸡舍的光照要均匀，不要出现死角，否则鸡群体重的整齐度差，影响经济效益。对于有窗舍在中午太阳光线较强时，对直接射入舍内的阳光应加以遮盖。

5. 密度　密度与肉用仔鸡的生长发育有着直接的联系。密度过大，室内空气容易污染、湿度大、温度高，卫生环境不好，采食拥挤，饥饱不匀，使肉鸡生长受阻，发育不整齐，体弱，易患疾病和发生啄癖，使死亡率上升。密度过小，肉用仔鸡生长发育好，增重快，但房舍利用率低，造成人力、物力的浪费。因此，在饲养过程中要经常注意调整密度。春夏秋季节平养舍一般每平方米饲养10只，夏季要适当减少，冬季可适当增加。

二、肉鸡育肥期饲养管理要点

1.“全进全出”饲养制度　现代肉用仔鸡生产几乎都采用“全进全出”的饲养制度，即在一栋鸡舍内饲养同一批同一日龄的肉用仔鸡，全部雏鸡都在同一条件下饲养，又在同一天出栏屠宰。这种管理制度简便易行，优点很多，在饲养

期内管理方便，可采用相同的技术措施和饲养管理方法，易于控制适当温度，便于机械作业。也可保持鸡舍的卫生与鸡群的健康。肉用仔鸡出栏后，便于鸡舍及其设备进行全面彻底的打扫、冲洗，熏蒸消毒等。这样不但能切断疫病循环感染的途径，而且比在同一栋鸡舍里混养几种不同日龄鸡群的增重快、耗料少、死亡率低。

2. 公母分群饲养制度　由于公母雏鸡的生理基础有所不同，它们对生活环境及营养条件的要求和反应也不一样，主要表现在下列几方面：

(1)生长速度不同。公鸡生长快，母鸡生长慢。公鸡4周龄时的体重比母鸡大13%左右，6周龄时大20%，8周龄时大27%。公母鸡混群饲养在同一条件下体重分布不均，差异很大。

(2)沉积脂肪的能力不同。公鸡沉积脂肪能力差，母鸡沉积脂肪的能力强。这反应出公、母鸡对饲料的要求不同。

(3)羽毛生长速度不同。公鸡羽毛生长慢，母鸡羽毛生长快，因而反应出同期对环境的要求不同。同时也表现出胸部囊肿的严重程度不同。

(4)对日粮营养水平要求不同。公鸡能更有效地利用高蛋白质饲料。如果公母鸡混饲，结果可能是小公鸡蛋白质不足，小母鸡蛋白质过多。普遍提高饲料中的蛋白质含量，肯定能提高小公鸡的生产性能，但蛋白质过高却抑制小母鸡的生长。另外，小公鸡对钙、磷和维生素A、维生素E和B族维生素的需要量高于小母鸡。因此，公母鸡混饲，势必会增加饲料的成本，降低经济效益。

对于公母鸡这些不同之处，从饲养管理技术上，混群饲养是很难解决的，只有公母分群饲养才能对这些规律加以利用，并进行科学管理，加速肉鸡的育肥，提高产品的一致性。

公母鸡分群饲养的主要管理措施：

(1)按经济效益分期出售公母肉鸡。一般肉用仔鸡在7周龄以后，母鸡增重速度相对下降，饲料消耗急剧增加，腹脂率增加，屠宰率下降，这时如果已达到上市体重应尽早出售。公鸡9周龄以后生长速度才降低，饲料消耗也增加，故可以养到9周龄再出售，以获得最好的经济效益。

(2)按公母鸡调整日粮营养水平。公鸡能更有效地利用高蛋白日粮。喂高蛋白饲料能加快公鸡生长速度，而且在体内主要是增加蛋白质。公鸡前期日粮可以把蛋白水平提高到25%。母鸡不能有效地利用高蛋白饲料，而且对多余的蛋白质在体内转化为能量，沉积脂肪，很不经济。公鸡对在饲料中添加人工生产的赖氨酸的反应迅速，生长率和饲料效率都有明显提高，而母鸡反应很小。喂金霉素可提高母鸡的饲料效率，而公鸡没有反应。

(3)按公母鸡的不同要求提供适宜的环境条件。公鸡羽毛生长慢，体重大，胸部囊肿比较严重，应提供松软的垫料，并增加垫料厚度，加强垫料管理。公鸡前期羽毛生长速度慢，要求室温稍高些，后期公鸡比母鸡怕热，因此室温以低一些为好。

3. 适时更换配方，提高营养浓度，增大采食量　根据肉用仔鸡的不同生长发育阶段的营养需要更换日粮，是育肥的重要手段。从4周龄到出售，不仅长肉快，而且体内还将沉积一部分脂肪，所以饲料中代谢能要高于前期而粗蛋白又略低于前期，在饲料配合中增加能量饲料并添加油脂。另外，要创造舒适的生活环境，增强日粮的适口性，促使肉用仔鸡增加采食量，并且供应充足的饮水，充分发挥肉鸡快速增重的潜力。

4. 饮水　为使肉用仔鸡快速增重，必须供应充足的饮水，同时要经常检查供水的状况。肉用仔鸡的饮水量参照表11。

表11　肉用仔鸡的饮水量　　100只/日

周龄	1	2	3	4	6	8	10
饮水量(升)	3.5	7.0	7.0	7.0	10.5	10.5	14.0

5. 选择适当的肥育期限　我国肉用仔鸡的生产水平目前还不高，一般饲养7～8周龄体重达2～2.5千克。够上市标准就出售，肥育期限的问题还不太突出。但是随着生产水平的提高，必然要遇到选择适当的肥育期限问题。因为肥育期限跟生产的经济效益密切相关。

现代的杂交肉鸡有些在5～6周龄时即可达到上市标准，而且单位产品消耗的饲料较少。但是屠体品质欠佳，胸肌和腿肌的比例较小，出肉率较低，加工费用较高。大多数肉鸡生产者仍然选择在7～8周龄出栏。随着人们生活水平的提高，对肉鸡的要求也有许多不同，饲养者要根据各类人群的不同消费观念，选择相应的育肥期，以满足特殊人群的需求，从而获得更好的经济效益。

6. 采用颗粒饲料　颗粒饲料是全价配合饲料加上黏合剂经颗粒饲料机压制而成。颗粒大小各不相同，多种多样。能适应小雏、中雏及后期肥育肉用仔鸡的不同需要。

颗粒饲料的最大优点是肉鸡进食营养全面，比例稳定。粉状配合饲料经过包装、运输、饲喂等工序，往往发生养分不均的分离现象。这是由于各种饲料原料的粗细程度不同，比例大小不同，而出现质地分离，使本来已搅拌均匀的饲料又变得不太均匀了。尤其是采用链式送料器时，食槽底部的料比较细而且密度较大，上部的料比较粗而且密度较小，链条底下的料吃不到，这样使鸡进食的养分不全，影响鸡的生长速度。颗粒饲料就不会出现这种情况，增重效果明显。国外肉鸡生产中普遍采用颗粒饲料。现在我国也有许多养殖户在育雏期采用颗粒饲料，但在育肥期尤其是在育肥后期采用颗粒料的就不多了。颗粒大小一般是 0.3 厘米左右。开食料是将颗粒料再粉碎，使颗粒变得细小，但不同于粉料。

三、肉仔鸡的易发病

1. 肉用仔鸡的腿部疾病问题　近年来，随着肉用仔鸡生产性能的提高，腿部疾病的严重程度也在不断增加。现在肉鸡腿部疾病被认为是一种世界性的“生产病”。在正常情况下，骨骼的生长速度与整个身体的生长速度保持一致，处于平衡状态。但是由于育种工作的进展、饲养技术的完善以及环境条件的优越，使肉用仔鸡的早期生长速度大幅度的提高，这就打破了体组织生长发育的原有平衡性。有不少试验证明，早期实行适当限制饲养，可使肉用仔鸡的脚软症大为减少，甚至根除。但是这在生产上是不可能实行的，因为肉用仔鸡饲养的目标就是加速生长。

虽然肉用仔鸡的腿部疾病与生长速度密切相关，但是引起腿病的原因是多种多样的。在此简单地介绍营养性和管理性的腿病。

(1)营养性腿病。营养性腿病较为普遍。钙、磷不足或比例失调，某些维生素和微量元素缺乏，都可以引起腿软症。

①脱腱症：3～7 周龄的肉用仔鸡均有发生，临床症状为跗关节肿大，胫骨弯曲，造成腿脚畸形。发病原因非常复

杂，饲料中缺乏锰、锌、胆碱、叶酸、尼克酸、生物素、维生素B都可引起脱腱症。发病率较高，可达15%左右。

②维生素 B_2 缺乏症：4周龄以下的肉用仔鸡，如果维生素 B_2 不足常发生此病。采食过多，生长过快的鸡只特别容易引起发病。病症表现为脚趾向内收缩弯曲，精神麻痹，跗关节着地行走。及时在饲料中补加足量的维生素 B_2，可有明显效果。

③软骨症：主要表现双脚向内弯曲，呈"O"形腿。发病原因是维生素D缺乏，钙、磷不足或磷过多，影响钙的吸收。从管理上来说，发现此症首先检查日粮中的钙、磷、维生素D，以及可能引起此病的维生素E、核黄素、胆碱、烟酸、叶酸、泛酸、锰等是否含量不足。饲料中有霉菌引起中毒，毒素导致胆管阻塞，影响脂肪吸收，间接影响维生素D的吸收，也会造成软骨症。本病补加维生素 D_3 效果良好。必须查明原因，对症处理。

除上面3种营养性腿病以外，种鸡饲料中含有过量的硫酸铜，影响其他一些营养素的吸收利用，造成种蛋营养不全，小鸡孵出后会诱发脚病。另外，饲料中单宁含量过高而氨基酸不足，或蛋白质含量升高，叶酸随之增加都会引起脚病发生。

(2)管理性腿病。肉用仔鸡管理不当，环境条件不适，可引起风湿性或机械性腿软病。

①过早脱温容易发生腿病，发病时期多在育肥后期。

②垫料过湿或板结坚硬，也容易发生腿软症。

③抓鸡免疫或出售时容易使鸡只腿部扭伤，挫伤或骨折。

肉用仔鸡的腿部疾病，目前世界各国都没有特效药。只有根据发病原因，改善环境条件，加强饲养管理，注意饲料营养的充足和平衡，来减轻腿病引起的经济损失。

2. 肉用仔鸡的胸部囊肿　胸部囊肿就是胸部炎症，是在龙骨表面受到摩擦和压迫的刺激，产生皮质硬化形成囊状组织，里面逐渐累积一些黏稠澄清的渗出液，成水泡状，颜色随症状的加剧而加深直至变黑，影响外观，降低食用价值及经济价值。胸部囊肿是肉用仔鸡最常见的疾病。但它不影响生长速度，只影响屠体的商品价值和等级，造成一定的经济损失。产生的原因主要是由于肉用仔鸡早期生长快，体重大，在胸部羽毛未长全或正在生长的时候，胸部与结块或潮湿的垫料接触而引起。在笼养时胸部与金属或硬质底网摩擦，往往更为严重。各种腿部疾病使鸡只俯卧和摩擦的机会更多，凡是有腿病的肉用仔鸡都伴随有胸部囊肿的发生。羽毛生长的状况和覆盖度、龙骨的形状等与胸部囊肿发生率的高低有关。羽毛着生良好，覆盖良好，龙骨较为平直则发生率低。

减少胸部囊肿发生率的主要措施：

①尽可能保持垫料的干燥、松软，将潮湿结块的垫料及时更换出去。保持垫料的足够厚度，防止漏出地面。搞好鸡舍通风，不要使供水设备和管道漏水，降低舍内空气湿度，垫料不要过于细碎，经常翻动，以防潮湿和板结。垫料厚度一般为 5～10 厘米。垫料的含水量高于 21%～26%时，胸部囊肿发生率会显著升高。

②减少肉用仔鸡俯卧时间。肉用仔鸡食欲旺盛，采食速度很快，吃饱就休息，一天当中有 68%～72%的时间处于卧伏状态。卧伏时体重的 60%由胸部支撑。这样胸部的受压时间长，压力大，胸部羽毛又长得较晚，很容易形成胸部囊肿。体重越大受压越重，胸部囊肿发生率越高。公雏比母雏生长快，但羽毛生长慢，胸部囊肿的发生率高。减少伏卧

时间的办法是适当地增加饲喂次数，减少每次喂量。如果采用链式给料器供料，每次少供一些，多供几次，并可每隔一段时间空转一次，在观察和检查鸡群时多在鸡舍走动，促进活动。

③采用笼养或网上平养时必须加一层弹性塑料底网，可有效地减少胸部囊肿的发生率。如用铁丝底网，胸部囊肿的发生率会很高，塑料底网的效果也不明显。如果在底网黏附一层橡胶外皮，或用尼龙底网，或在焊接的底网上面覆以弹性的塑料垫，都能减少胸部囊肿的发生。

3. 挫伤　由于摩擦或冲撞等引起的肉用仔鸡的皮肤变色或损伤，使屠体质量降低等，造成经济损失。现场研究表明，在鸡舍内发生的挫伤占总数的15.7%～46.3%。为防止挫伤的发生，要定期调整料槽的高度，使其边缘高于鸡背约2厘米。采用较暗的照度，筒状料槽，抓鸡前要移走或升高所有的设备等，防止惊群现象发生，均能显著地减少各种挫伤的发生。

4. 骨折　笼养肉用仔鸡骨骼的强度比平养鸡低，其胫骨强度也比平养的低，故笼养鸡发生骨折的比率较高。这表明活动量的大小对骨骼强度有重要影响。

为了减少骨折的发生，在抓鸡、装笼与卸车时，对笼养鸡一定要轻抓轻放，在运输过程中要尽量防止颠簸和急刹车。

5. 腹水症　肉鸡腹水症，是造成肉鸡死亡的重要原因，也是危害肉鸡业的一大疾病。主要发生于快速生长的白羽肉鸡，以腹腔内积聚大量浆性液体和右心扩张为特征。多在4～8周龄的肉鸡上出现，死亡率高达30%以上。高海拔缺氧地区，低温环境，早期饲料能量、蛋白质过高，饲料发霉，滥用磺胺类药物，使用颗粒性饲料，维生素C、维生素E

和硒缺乏，缺氧条件下孵化出来的雏鸡，都容易发生腹水症。饲料中添加脲酶抑制剂、肾肿灵等能有效减少腹水症。

四、饲养肉仔鸡的困难及解决办法

有的养殖户虽养肉仔鸡多年，但觉得鸡越养越不好养，困难越来越大，主要有 4 个问题。

1. 开始养鸡容易，越养越难养

原因：鸡舍严重污染。

解决办法：每批鸡出栏后将鸡舍彻底冲刷消毒，最短也要空舍 2 周，进鸡后要严格控制环境。

(1)鸡舍消毒，灭菌灭鼠。在村外建鸡舍，实行全进全出制，彻底清除舍内的污物，采取 3 次消毒。

①用 1%～3%烧碱水冲洗全舍及器具，并空舍 1 周，再铺垫料。

②用双链季胺盐(如百毒杀等)喷雾消毒。

③禽舍封闭升温后用福尔马林 20 毫升/立方米熏蒸 24 小时。

(2)鸡舍保温、通风、干燥。切实保证育雏的温度，加强舍内的通风换气，使垫料保持干燥，该投入的就要投入，只有在关键点上投入资金，才能获得更高的经济效益。

2. 喂饲不好鸡不长、腿发白，喂料好了又有腹水症的发生

(1)鸡不长时，生长速度明显达不到品种指标，腿、冠苍白。

原因："苍白综合征"即"腿弱综合征"、"矮小僵鸡综合征"。

症状：出现"三白小半鸡"，即白冠、白粪、白弱腿的不长

的鸡，其体重仅达同期雏鸡的50%，稀粪中有未消化的玉米；色素沉着减少，脚、喙、皮肤、肌肉苍白；腿弱，跛行或关节肿胀，骨质脆软。

解决办法：鸡舍及周围环境进行彻底消毒，喂高能、高蛋白、高赖氨酸的配合饲料，其中应含有足量的硒和维生素E、维生素D。还可以给鸡群饮亚硒酸钠水，饮水的同时最好配合维生素E的投入。

(2)腹水与猝死。

原因：肉仔鸡早期生长太快，容易发生猝死综合征或腹水综合征。

解决办法：7日龄体重达175克的鸡属于增重快的类型，在第2周不开灯，肉仔鸡在第2周的晚上不进食。实行限量饲喂可以减少死亡。

3. 喂药多，但止不住病

原因：喂药杂乱，病原微生物产生抗药性或药物破坏了鸡肠道内正常菌群，影响肉仔鸡健康。通过拌料投药时，健康鸡吃的药多，病鸡吃含有药物的饲料少或不吃料。

解决办法：改拌料喂药为饮水投药，1～4日龄时连续饮服恩诺沙星做预防投药；不断消毒，双链季铵盐溶液天天喷雾。如果有少数患病的鸡，最好对其单独投药。

4. 注射疫苗防不住病或一注疫苗就发病

原因：接种不确实，没有产生免疫应答；接种用具不清洁，造成交叉感染；不是正规场生产的疫苗，质量不好；免疫时疫苗的剂量不足或有漏免的鸡，使抗体效价不均匀。

解决办法：进行早期密集免疫，不抓鸡接种。鸡新城疫Ⅳ系+法氏囊病疫苗各2羽份在5，15，25，35日龄混合饮水4次，免疫前要断水2小时，并有足够的饮水用具，使所有的鸡能同时饮上疫苗。

五、地方肉用黄鸡的生产概况

肉鸡生产在我国可以分为两个系统:一个是以早期生长速度快,饲料转化效率高为特点的肉用仔鸡的生产;另一个是以追求肉质鲜美色味俱全的地方肉用黄鸡的生产。后者虽然增重速度较慢,饲养效率较低,但保持了传统的民族习惯。这两个系统互相补充,各有特点,共同构成我国肉鸡生产的特有风格。

我国黄羽肉用品种较多,比较有名的有惠阳三黄胡须鸡,广东黄鸡,石歧杂,新浦东鸡等都是南方品种,北方地区可作为肉鸡生产的有北京油鸡、北京黄鸡,北京黄鸡又叫农大黄鸡等,另外还有桃源鸡、固始鸡等。

1. 黄羽肉鸡的特点与选育进展　黄羽肉鸡按其生长发育的快慢可分为快大型、中速型和优质型 3 种。快大型黄鸡 50～60 日龄即可上市,生长性能和生产效率高,肉质、肉味、羽色方面略有不足,但生产成本低。中速型黄鸡体型外貌、羽色和肉质肉味较好,销路广,价格适中。而优质型黄鸡是在地方鸡种保存、整理和利用的基础上培育起来的小型鸡种,脚细而黄,肉味鲜美,110 日龄左右体重达 1.1～1.3 千克,售价较高。

为了充分、合理、有效利用地方鸡种资源,逐步建立优质鸡的繁育、生产体系,早在 1980 年,就开始黄鸡的育种。育种方法上先后采取了经济杂交、多元杂交及品系配套等方法。最初是利用引进肉鸡与地方品种进行简单的二元杂交,以期在保持地方品种肉味鲜美、适应性强的基础上引入外来肉鸡生长速度快的优势,但用这种方法难以兼顾种鸡产蛋量、仔鸡生长速度和土鸡风味三者于一体。我国在近

20年的时间里先后育成配套用纯系11个，选育一批比较理想的配套系鸡种。优质鸡选育研究与繁育体系的建立，也推动了对优质地方鸡种资源开发利用的热潮。

2. 黄羽肉鸡的生产情况　广东省是我国发展黄羽肉鸡较早的地区。1997年，广东省家禽出栏9.54亿只，禽肉产量133.96万吨。在其肉鸡中，主要是黄羽肉鸡。香港80%以上的黄羽活鸡来自广东。按照广东省未来肉鸡发展目标，到2010年，其肉鸡饲养量达到12.7亿只，出栏9.35亿只，人均肉鸡占有量为11只，肉鸡品种结构为黄鸡90%，快大白鸡7%，其他肉鸡(如丝毛鸡等)3%。在黄鸡中快大型、中速型、优质型的比例大约定为30∶50∶20。广西禽肉生产中黄羽肉鸡也占主导地位，约90%以上，主要品种是三黄鸡、石岐杂、麻黄鸡等。1997年末肉鸡存栏3.04亿只，出栏4.27亿只，禽肉产量61.57吨，人均禽肉占有量为13.68千克。福建省也有发展黄鸡的优势，1997年末家禽存栏1.01亿只，肉鸡出栏8 196万只，生产禽肉21.52万吨，人均占有7千克。肉鸡生产中，白羽、红羽快大鸡的数量减少，三黄、石岐杂及其他土种鸡数量增长，占总数的80%。江苏省是全国养禽大省之一，其黄羽肉鸡市场前景看好。江苏如皋市在原如皋三黄鸡的基础上开发出“仿土鸡”黄羽肉鸡，其年生产量约600万只。目前该市正积极筹建黄羽肉鸡生产基地，目的是建成饲养1万只，如皋三黄鸡原种的核心群鸡场，达到年产50万只如皋三黄鸡原种，年产杂交黄羽肉鸡5 000万只的生产规模。上海已搞起黄羽肉鸡的种禽合资场。安徽肉鸡业中集约化生产的快大型肉鸡销售不畅，而黄羽肉鸡行情则比较好。他们把黄羽肉鸡作为6条禽产品产业链之一做重点建设。甘肃农业大学经过十多年时间，利用商品代肉鸡选育形成一个肉蛋兼用型种群，初

步确定为一个独立鸡种——甘肃黄鸡。该鸡已在本地供种推广 60 万只,并以其作为父本推广杂交鸡百万余只,均获得良好的生产性能。

地方肉用黄鸡的生产性能,一般是 10～15 周龄体重达到 1.25～1.5 千克,饲料效率是每单位体重耗料 3.1～4.1 之间。

采用黄羽品种间的杂交来提高肉用性能,同时力求能保持原有地方品种的肉质特点,这方面的工作有关单位正在研究探索。

地方黄羽肉鸡的生产在我国南方地区有广泛的基础和长期的饲养消费习惯,特别是在两广地区和港澳地区,有着广阔的销路和合理的价格。

小公鸡去势肥育是我国传统的肉鸡生产形式。肉鸡的肥育性能和饲料利用率都有明显的好转,但是这种肉鸡生产形式只在民间广为流传,分散于农户家中,没有试验资料说明。一般北京黄鸡小公鸡去势成年后体重达 3.5～4 千克,比成年公鸡重 1 千克左右。肉质细嫩,脂肪含量适中,味道特优。

3. 黄羽肉鸡发展中存在的主要问题

(1)良种体系建设还有待完善。各地虽然因地制宜,就地取材,但在种源配套上缺乏统一协调,明显表现出小区域、小规模特色,鸡种代次明显偏低。这就难以满足集约化大规模养鸡生产的需要。广东省正在计划培育适合南方亚热带气候的"节粮、优质、高效"配套黄羽肉鸡新品系,计划建立包括曾祖代—祖代—父母代—商品代在内的良种繁育体系。南方其他地区或正在配套完善、或还未起步。北方的黄羽肉鸡生产整体滞后,良种繁育体系更是无从谈起。显然,全国黄羽肉鸡良种繁育体系建设明显滞后于商品生产

的发展。

(2)产业化经营机制还有待组织建设。目前的现状是,卖鲜活鸡(至多在销售时活鸡杀后取毛)的多,转化加工的少;在本地区销售的多,跨区域销售的少,精细深加工的几乎没有。同时黄羽肉鸡的大众化资源开发又滞后于现代消费需求,未能开发出与现代消费接轨的富有特色的系统商品,造成商品转化率低,容易导致产业化过程中效益低下、经营风险很大的局面。同时,各生产经营场家各自为政,自产自销,很少有区域性的联合,产品未能联合进入市场,产业化体系建设尚未起步。

(3)饲养管理技术有待规范。黄羽肉鸡规模生产中,由于受饲养管理技术、财力条件的限制,普遍存在着因陋就简的生产经营现象,表现为鸡舍条件差、消毒观念差、无害化认识差、营养知识差,影响了养鸡生产的经济效益。

(4)宏观调控机制有待建立。黄羽肉鸡起步较晚,群众生产明显表现出自发性和盲目性,缺乏有力的管理指导机构,缺乏宏观调控。使得不少养殖户对市场和自身条件缺乏科学分析,围绕热点转,盲目发展,一哄而上,饲养粗放,管理简单,不追求降本增效,不开展市场调研,难免会在市场竞争中形成负面影响,结果造成市场价格潮起潮落,波动很大,使一些生产者吃尽了苦头。

(5)综合防疫措施有待落实。农村规模饲养户,由于缺乏系统而全面的技术培训,加上文化素质跟不上技术进步,生产过程中普遍存在着缺乏隔离、消毒、预防、治疗等综合防疫措施的全面落实。预防不得力、治疗方法欠科学、盲目用药现象严重。

4. 黄羽肉鸡发展对策建议

(1)尽快建立地方良种鸡自然纯繁保护区,加快闭锁核心群建立和地方鸡原始性状调查考核，宣传教育当地群众以自觉封闭纯繁为基础，优选种蛋，建好纯种繁育场，切实加强原始基因库保护，制定完善的品种选育方案，从孵化、选育、饲养管理和疫病防治等环节入手，提纯复壮，培育新的高产品系，系统科学地开发地方鸡品种资源。

(2)强化大市场、大流通的营销观念，尽快构建黄羽肉鸡产业化经营体系。即按集约方式组织生产经营，按品牌思路指导经营行为，按标准化规范养鸡业发展。首先，充分利用闲置资源建好加工企业，力求达到旺季产品不过剩，淡季产品有货源，以充分发挥龙头带动作用；其次，培养营销队伍，逐步建立生产营销协会，并在大中城市设立销售窗口，保证季节性生产的商品及时销售，以切实保护生产者利益。

(3)组织培训，全面配套品种、饲料、防疫、设备等技术标准，细化管理要求，明确操作规程。不断推广新科技成果，提高黄羽肉鸡的整体水平，对品种优化、饲料配方、产品开发加以攻关，形成各自的特色，打响品牌，以获得更大的经济效益和社会效益。

(4)发挥政府行政职能，建立宏观调控机制。逐步配套完善良种繁育体系，在建立重点良种基地的基础上，正确引导农民发展规模养鸡生产，实现规模效益，并将其纳入农村经济和农民致富的重要议事日程，积极利用行政手段，在资金投放、土地使用、水电安装、技术服务、市场营销方面给予引导性支持和监控，保证优惠政策落到实处，见到实效。对经营效果好、典型带动作用大的企业，要给予物质和精神奖励，使其发挥行业龙头企业的协调功能，保证养鸡生产顺利进行。政府职能部门相应转变职能，逐步调整市场机制的自发性和盲目性，在掌握大量有效信息的基础上，运用国家和地方经济杠杆，引导企业或个人的经济行为，适当控制经济

周期波动，以保持经济发展的稳步与均衡，维护市场的有效运行。

(5)加强疫病防治，提高养鸡生产水平。首先，规范种鸡市场管理，加强种鸡检疫，净化种鸡流动市场，杜绝劣质病残雏鸡上市；其次，全面落实疫病防制综合措施，严格鸡场消毒、隔离、免疫、治疗、防蝇灭鼠等管理制度，建立疫病防制的程序化、制度化，保证鸡群健康生产，实现黄羽肉鸡的高产高效。

六、肉蛋杂交鸡简介

近年来，商品蛋鸡快速发展，再加上北方一些地区鸡蛋的冲击，农民饲养蛋鸡收益微薄，甚至出现亏损。蛋鸡生产者在寻求规模效益的同时，利用红羽肉用种公鸡与商品蛋鸡母鸡杂交，其后代的产肉性能大大提高，取得了较好的经济效益，从而增加了饲养蛋鸡的收入。利用安纳克红羽肉用种公鸡与罗曼和黑康商品代蛋鸡杂交的后代(称黄杂肉鸡和黑杂肉鸡)，其产肉性能大大提高。10 周龄体重可达 2 千克左右，经济效益良好。罗曼蛋鸡与安纳克肉用种公鸡的杂交后代(黄杂肉鸡)，产肉性能好，半净膛屠宰率 10 周龄为 80%以上，胸腿肌占半净膛重的 35%以上。杂交肉鸡以 10 周龄饲料报酬最高，料肉比为(2.27～2.34)∶1；赢利也最高。杂交肉鸡生长速度快，产肉性能好；其毛色主要为黄红色或乌黑色，与地方土种鸡毛色近似，有“仿土鸡”之称，是适合当前消费者的习惯，深受群众欢迎的优质肉鸡。每只杂交肉鸡 10 周龄赢利 5 元左右。饲养这种杂交肉鸡具有较好的市场前景，是稳定家禽业发展、增加农民收入的又一条途径。

第七章 肉种鸡的饲养管理

多少年来肉鸡品种已经发生了很大的变化。它们的生长潜力得到显著改进,但是也付出了代价。肉鸡品种的繁殖力没有跟上相应的步伐,实际上反而下降了。

消费者对白肉的需求日益增长,这明显地促进了现代肉鸡胸肉量的生产。与此同时,本来就很大的腿臀部比例进一步增加,使肉鸡胴体的总体价值下降。曾经有人问泰森食品公司的 Don Tuson,我们究竟想要什么类型的肉鸡,他答道:“有 4 块胸肉和 4 个翅膀的”。这是在 10 年以前,至今总的形势并未改善多少。如今,主要的肉鸡育种公司每 3 年就使肉鸡的胸肉产量约提高 1%。按此速率,我们的现代肉鸡在 15 年后将变得和现代火鸡一样双胸鼓起,很可能将遇到相同或相似的繁殖问题,和火鸡业不同的是,人工授精在肉鸡业中将不会成为商业上选用的一种方法。

随着肉种鸡体型和体重的增加,胸部越来越宽,它们的总体活动能力、健康和交配能力将受到损害。宽胸的肉鸡要求较大的饲喂面积、较大的地面、较多的通风和较多的关怀。

人们往往忽略的一个事实是,种鸡是一只生长过度的肉仔鸡。现代肉鸡达到同样体重所需的时间每年大约缩短一天。平均说来,这相当于活增重每年提高 50~55 克。饲料效率也更高。种母鸡也在采食较少饲料的情况下长得更大,这就使得很难做到平均地分配每天或隔天的饲喂量而不损害体重的均匀度,但是,即使母鸡群明显地具有良好的均匀度也未必是其质量的一种指标。

一、肉用种鸡的饲养技术关键

肉用种鸡是肉用仔鸡业发展的基础。种鸡的产蛋率和种蛋受精率，直接关系到能否提供充足的肉用仔鸡的雏鸡来源。有时种鸡场种蛋供不应求，鸡源不足，跟不上肉用仔鸡业发展的需要，其中一个重要原因是种鸡的饲养技术不过关，表现在产蛋率和受精率太低。

影响肉种鸡的产蛋量和种蛋受精率的因素很多，根据当前生产情况，主要是两方面原因：一是没有执行适当的限制饲养制度，母鸡体重过大，脂肪过多；二是鸡群整齐度差。这两个方面对蛋鸡来说不太突出，对肉鸡就特别重要。

二、肉用种鸡育成期的饲养管理

饲养肉用种鸡的任务是提供更多的优质商品用雏鸡，故一方面要求种鸡具有优良的遗传性能，其后代生活力强，生长速度快；另一方面还要求种鸡本身产蛋多或配种能力强、受精率和出雏率高。因此，肉用种鸡的育成期是起决定作用的重要时期。母鸡育成期给予粗蛋白质较高的育成料，在产蛋期的受精率有较佳的表现，明显的是母鸡在育成期及发育期给予较高的蛋白质时，不但有助于输卵管的发育，且输卵管和子宫贮藏精子的能力也较好。

1. 育成鸡生长发育特点　肉用种鸡育成期一般是指种鸡 7～20 周龄这一阶段，也就是雏鸡从离温到性成熟前 2 周的时期。肉用种鸡育成期生长发育的主要特点是消化机能已经健全，采食量逐渐增加；骨骼、肌肉生长发育迅速；

自身对钙质有一定的沉积能力；性器官开始发育且日益增快，尤其在育成后期极为明显；沉积脂肪能力强。因此，生长期如果饲养管理不当，就容易过肥超重，而这些鸡成年后必然产蛋少或交配能力差，性机能减退，腿部疾病多，受精率低。要改变肉用种鸡自身的特点与生产者所要求的繁殖力高之间的严重矛盾，只有通过提高饲养管理技术来解决。

肉用种鸡前20周的生长情况，某种程度上可能决定它们以后的生产性能，这是培养种鸡群成功的基础。好的种鸡应是通过控制它们的生长速度而获得的，必须根据各鸡种的生长特性和营养需要控制饲喂，目的是使母鸡开产时具有健康的骨骼、发达的肌肉和很低的脂肪沉积。控制饲养是通过控制种鸡的采食量来实现控制它们的生长速度，种鸡的采食量控制到何种程度为宜，这一点通过鸡生长期采用定期随机抽样称个体重的方法可以得到解决。可将称重结果与这个品种推荐的目标体重逐周比较，这个比较是决定饲料喂量的惟一的、重要的依据。

2．限制饲养　限饲是养好肉用种鸡的核心技术，在实际生产中的应用效果各有不同，但方法大致相同。

(1)限饲开始前普遍调群，鸡群逐只称重或目测。根据体重标准分成大、中、小三等，分别放在鸡栏中，同时将病、弱鸡挑出淘汰，因为这些鸡忍受不了限饲应激，还会影响饲料量计算的准确性。

通过全群称重，对鸡群的发育状况，体重的均匀度以及健康等情况有了全面了解，做到心中有数，有利于限饲方案的正确实施。如果鸡群均匀度很高，只做个别调整即可。

肉种鸡群的均匀度通常以平均体重±15%范围以内的鸡只占全群的比例表示，例如，1 800只的鸡群，抽测10%，即180只鸡，平均体重为1 079克。实测平均体重15%即在

807～1 241 克体重范围内的有 173 只鸡，其体重均匀度则为 173/180×100％＝96％。

均匀度是衡量鸡群限饲效果、预测开产整齐性、蛋重均匀程度和产蛋量等的指标。生产实践证明，肉种鸡的均匀度每增减 3％，每只入舍鸡产蛋数相应增减 4 枚左右。由于肉用种鸡饲养管理技术水平的不断提高，对均匀度的要求也在不断提高。现在越来越多的育种公司不但提出了平均体重±15％的均匀度标准，也提出了平均体重±10％的均匀度标准。而且在生产实践中也有用±10％标准取代±15％标准的趋势，一般要求肉种鸡群的体重均匀度在 75％以上。

(2)定期称重与及时调群从 3 周末开始，每周称重一次，开始产蛋后每月称重一次。

称重时间，每次固定在每周的同一天，同一时间，以保证体重数据的可比性，最好在停饲日下午进行，如果在喂料日称重，注意所得的体重含有饲料量。

称重鸡数：生长期抽测每栏鸡数 5％～10％，产蛋期抽测 2％～5％，每栏都要抽测，不能用一圈代替全群。

称法：在鸡舍内对角线上取两圈栏，用折叠铁丝网随机的将鸡围起来，所围的鸡数应接近抽测计划鸡数，然后用校对准确的弹簧吊秤或台秤逐只称量，个体记录。不加任何选择的把所围起来的鸡全部称完为止。计算平均体重和均匀度，与标准体重比较，决定下周喂料量。

为了提高鸡群的均匀度，在限喂期间要随时按体重大小调整鸡群。但调出与调入鸡数应相等。每天或每周调一次均可，根据鸡舍的工作情况灵活安排。

(3)备足饲槽和水槽，限饲鸡群要求每只鸡都有足够的料位和水位，免得有的鸡抢不着饲料造成体重不均或伤亡

过大等现象。

料槽和水槽距鸡活动范围要求在3米以内，不可过远。此外，水槽要距料槽近些，免得吃完干料不能马上喝到水，容易噎死。

肉用种鸡的最大特点是生长速度快，沉积脂肪能力很强，如果任其自由采食，不仅饲料消耗量大，而且鸡体很容易过肥，公鸡的交配能力会降低；母鸡性成熟过早，由于鸡的骨骼尚未充分发育，种鸡的体重小，开产时间虽有所提前，但所产的蛋小，且产量也不高。要防止上述现象，提高产蛋量和种蛋合格率，必须对肉用种鸡实行限制饲养，控制鸡的体重，也就是说，在不影响鸡身体和生殖系统正常发育的前提下，强行限制其体重，以使母鸡在最适宜的休重和最适宜的日龄开产。

限制饲养有质的限制和量的限制两种方式。质的限制是喂以营养平衡但浓度较低的日粮，喂料量不予限制。量的限制是喂以营养平衡的日粮，而在喂料量上加以限制。有每天限量饲养、隔天限饲、每周定日限饲等多种方法。

(4)限饲的几种方法。

①限时法：

第一种为每天限饲。即每天喂给定量的饲料或规定饲喂次数和采食时间。此法对鸡刺激小，适于幼雏转入育成期前2～4周龄和育成鸡转入产蛋前3～4周龄的鸡群。

第二种为隔天限饲。是国内最常采用的一种方法，即喂1天，停1天，把2天的饲料量合在1天喂给，另外，1天停料只供饮水。这样一次投下的饲料量多，强弱争食可以得到解决，个体间采食量均匀，鸡群有较好的整齐度，但是隔天饲喂比每天限饲可能多耗费一些饲料。从能量利用的观点看，隔天饲喂的停料日，种鸡耗用的热量来源是依靠前1天

合成的脂肪分解，不如每天限饲能直接利用饲料能量时合理。隔天限饲的方法应激强度比较大，适应于生长速度较快的7～11周龄的鸡群和体重超标的鸡群，但必须注意2天饲料量总和不能超过规定标准用料量。

第三种为每周定日限饲。即1周的饲料量等分成5份，除周三、周日不喂料外，每周喂5天。此法应激强度小，一般用于12～19周龄的鸡，也适用于体重没有达到目标或不适宜较强限喂的鸡群。

②限质法：饲喂低能量、低蛋白质及低氨基酸的配合饲料。通过低营养水平达到限制生长、控制体重的目的。此法使用时，营养水平可以降低，但营养成分必须平衡。

③限量法：一般按自由采食量的70%以上饲喂，此法应用普遍，但要求饲粮营养全价，尤其要求鸡数和饲料数计算精确。

以上3种限饲方法，一般都不单独使用。在生产实践中，各个养鸡场可以按本场的实际情况制定育成鸡的限饲方法。

一般的限饲程序：①第1周龄以内给予充分的自由采食。②第2～3周龄有所控制基本上任其采食。到第3周龄末当每只鸡喂给45克料，并且在5小时内能吃完时，就要开始实行隔日饲喂。③隔日限饲法一直要坚持到23周龄。在此期间应抽样称重(在停料日进行)。④从第24周起改为每日限制饲喂，第36周以后限制给料量更要严格，随着日龄的增长产蛋下降，脂肪沉积更严重，饲喂量也随之减少。在每日限饲期间抽样称重应在傍晚进行。

根据肉鸡的产蛋规律，在饲养正常的情况下，产蛋率达10%以后，每天产蛋率会增加3%，直到产蛋率达70%。假如种母鸡3天内都未达到3%的产蛋增长率时，则要增加喂料量，每天每只增加 4.5 克。在此期间假如产蛋率有 3～4 天停止增长，如果不是其他原因，则应每只增加 9 克。产蛋率从 70%增加到 80%期间，每天产蛋率的增加只有大约 1.5%，80%以后每天增加率为 0.25%，一直到高峰为止。29～36 周龄期间为种母鸡的产蛋高峰期间。

对于种母鸡产蛋期间的饲养，还常常采用试探式的增减饲料方法，以发挥产蛋潜力和减少脂肪沉积，例如，当产蛋率上升期间出现停滞和产蛋率下降出现过速现象时，采用每只鸡增加 10 克饲料，第 4 天观察产蛋是否上升或减缓下降速度，若有反应则考虑增加喂给量，若无反应则要立即停止加料。当产蛋下降阶段，产蛋率正常下降时，可用减料的方法来试探，每只鸡减少 0.25 克料，到第 4 天观察，若没有加速下降的反应，则可适当减料；若有加速反应则应立即停止减料。

3. 合理控制体重，以提高种鸡群的均匀度　每个品种的种鸡都有它自己的体重标准，符合体重标准的鸡群才有可能表现最好的生产性能。要使种鸡群体重符合标准，就要实行一整套限制体重的饲喂方法。各个鸡种的体重标准和限饲方法也各有不同，前面已经介绍过几种限饲的方法，在饲喂的同时要定期检查鸡群的体重，看是否符合体重标准，再根据体重情况调整饲喂量。种鸡群体重一定要每周随机抽样称重 1 次，称重比例一般是每个鸡群不低于 10%，抽样称重要从早期实行，在每周的同一天进行，并注意每次称重应该在鸡舍的各部位随机取样。如果实施隔天饲喂的鸡群，应在不喂料的那一天称重，并同时认真做好记录。总之这一切都是为了减少称重误差，减少因称重给鸡群带来的影响，并获得准确的鸡群群体平均体重，以便更有效地实施限饲，使之达到该品种的标准体重，为其今后表现出更好的

生产性能打下基础。

种鸡的一致性，也就是整齐度和均匀度，包括体重、开产日龄和蛋重的一致性，其中以体重的一致性(均匀度)最为重要。有的鸡群平均体重虽然符合标准，但均匀度差，大小不均，大的过肥产蛋少，小的发育不良产蛋也少，结果使整个鸡群的产蛋量受到严重影响，产蛋高峰也不会高，高峰维持时间也短。质量好的种鸡群不但要体重符合推荐标准，而且均匀度也好。这里讲的均匀度，不单指该鸡群的样本均匀度，而且是指该鸡群符合该品种推荐标准体重的均匀度。通常肉用种鸡体重的均匀度以有70%鸡的体重在抽样平均体重±10%的范围内为标准。

4. 光照管理　我们都知道，均匀度较差的鸡群一般比均匀度好的鸡群难饲养管理。在20周龄体重变异系数高的情况下，如果过早给以光刺激，发育差的鸡将采食过度，结果真的把它们养成了肉鸡。因此，不要等生长差的鸡赶上生长好的鸡时，才显著提高饲料喂给量。虽然鸡群的开产时间会比目前所希望的晚一些，但是你所得到的产蛋高峰和总的产蛋量很可能比强迫鸡群按期开产时所得到的要高。对于这样的鸡群，光刺激应该推迟1周左右。

光照分自然光照和人工光照。自然光照的光源是指太阳光，人工光照的光源是指各种灯的光源。开放式鸡舍一般采用自然光照，密闭式鸡舍采用人工光照，这两种光照方式各有利弊。阳光照射可提高鸡体的新陈代谢，增进食欲，使红细胞与血色素的含量有所增加，还可以使家禽增加维生素D，促进钙、磷的代谢。阳光能够杀菌并可以使鸡舍干燥，有助于预防鸡病，在寒冷的季节还有助于提高舍温，但光线过强时能造成啄癖等不良现象。人工光照的优点是能克服日照的季节性变化，能够创造符合鸡体繁殖生理机能所需要的光照。母鸡只要环境条件符合其生理要求就可以在任何季节开始产蛋，使遗传潜力同样表现出来，其中光照长度尤为重要。但光照是一门技术，搞不好也会造成损失。

光照是现代化养鸡生产中不可缺少的重大措施之一，必须根据出雏季节、鸡舍类型和条件制定一个切实可行的光照管理制度。种鸡育成期的光照在10～18周龄是关键时期，光照时间宜短不宜长，一般为8小时，不宜超过11小时。20周龄之后，根据不同品种鸡的情况适当增加光照时间，一般增至14～16小时。光照强度一般以给5～10勒为好，既节省电也可防止鸡产生啄癖。光线过强和光照时间过长会刺激母鸡性早熟，因为光线的刺激通过神经传导给丘脑垂休后，产生激素，促使卵巢滤泡的发育和排卵，达到性成熟。光照控制得当可使种鸡适时达到性成熟，取得较高的产蛋率。密闭式鸡舍不受自然光照时间长短的限制，根据所饲养的不同品种鸡的情况自行制定光照制度，完全由人工控制光照。人工控制光照一般有恒定制和渐减制两种。恒定制是育成鸡18～20周龄前采用8小时人工光照；渐减制是雏鸡开始给24小时光照，以后每周减少10～20分钟，至20周龄时光照时间每天减至9小时。

光照所起的各种作用仍在继续摸索。光照的时间与强度、光的颜色与波长、光照刺激的起始时间、黑暗期的间断等都会对家禽的繁殖造成一定的影响。

5. 日常管理

(1)保持舍内适当密度。根据鸡龄及时调整密度，保持适当密度和良好通风。

(2)有足够的食槽和水槽。保证鸡群的正常生长发育和限制饲养技术措施成功的实施。

(3)补饲沙砾。这是笼养鸡中切不可忽视的一项问题，

一般在下午16时以后喂沙砾较好。

(4)注意清洁卫生和干燥。鸡舍内及用具的卫生和消毒,环境的干燥,可以减少疾病的发生。

(5)做好疾病免疫工作。要严格执行免疫程序,坚持疾病以防为主,将损失减至最少。

(6)保持安静,避免应激。尽量避免外界的干扰和惊吓,防止鸡扎堆后窒息而死。

(7)坚持每天观察鸡群。及时发现问题,解决问题,减少损失。

6. 种鸡的选择与淘汰　在种鸡的育成期,要对种鸡进行2次选择和淘汰。一般是8～12周进行1次,主要是将鸡群中的瘦小、跛脚及有病的鸡进行淘汰,这样不仅易于管理,也可达到好的育成效果;在育成后期,即17～18周龄再进行1次,对不符合品种标准者予以淘汰,这次必须根据鸡的体重、强弱、发病情况和外貌特征进行筛选,把健壮合格的后备鸡转入产蛋鸡舍。

三、肉用种鸡产蛋期的饲养管理

饲养肉用种鸡的目的是为了生产更多的合格种蛋,孵出更多的健康雏鸡,以满足肉用仔鸡生产的需要。因此,衡量肉用种鸡饲养管理好坏的标志,就是每只母鸡能生产合格种蛋和种雏数量的多少。如果肉用种母鸡产雏数少,肉用仔鸡生产成本就高。所以,应该采取措施,提高肉用种母鸡的产蛋量、种蛋合格率、受精率和孵化率,从而提高产雏数,这是肉用种鸡饲养管理方面的主要任务。

1. 开产前的管理　种鸡是否能够适时开产,开产时种鸡体重是否达标,直接关系到种鸡产蛋高峰期的来临及产蛋高峰持续时间的长短。同时，对种蛋的品质也有很大影响。因而，尽管开产前时间不长，但对种鸡的终生生产性能至关重要。为此，应给予高度重视。开产前种鸡的管理主要做好以下几项工作。

(1)适时转群。一般要求种鸡在开产前2～4周转入产蛋鸡舍，以利于母鸡有足够的时间来熟悉新的环境。转群时间大多在20周龄左右，如转群时间过迟，种鸡已经开产，在育成舍内随地产蛋，种蛋破损增加，合格率下降。夏季转群应避开白天高温时间，最好在傍晚进行。冬季转群最好在中午进行。如果采用网上平养育成鸡，抓鸡时应注意一部分一部分地围鸡，以免挤压造成不必要的伤亡。抓鸡时应轻抓轻放，转群的同时还应淘汰瘦弱、病残等无种用价值的鸡。

(2)进行预防免疫注射。为了使种鸡在产蛋期不受疾病侵袭，并保证后代雏鸡的健康。一般按防疫程序都在产蛋前进行一系列疫苗注射。免疫程序可按各品种的情况具体制定。

(3)增加光照。为了控制种鸡的性成熟，生长阶段都采取了限制光照的措施，但要求自18周龄开始，每周增加20～30分钟，逐渐增加到15～16小时为止。在产蛋期内保持这一光照不再改变。

由于日照时数达不到要求的时间长度，必须补充光照。补充光照有早晨补光、晚上补光和早晚补光等办法。为了便于管理，认为采用早晚补光较好。这样可减少每天调整开关灯时间的麻烦，每天5时开灯至天明，天快黑时开灯，开灯时数是用16小时减去晚上开灯的时数和太阳光照射的时数。

为了使舍内光照均匀，安装灯要等距离。一般要求在鸡背高度上有10勒强度即可以(即每平方米2.5～3.0瓦)。

灯尽可能不用软线吊装，以防被风吹动摇摆而使鸡受惊。

2. 改换产蛋日粮　从22周起，种鸡的日粮应从育成鸡日粮转换为产蛋鸡日粮并有1周的过度期。将限饲调整为每天饲喂，喂料量适当增加。因为在增加光照后，母鸡的生殖器官发育加快，体重还在增加，同时又要为产蛋储积营养物质，若喂料量不够，营养不能满足需要，会影响产蛋。同时，肉用种鸡采食量大，容易过肥，会影响蛋的生产，所以应根据产蛋率的变化正确掌握喂料量。产蛋率上升期间，喂料量应逐渐增加，但不应增加过快，产蛋高峰期的日粮相当于自由采食的90%～95%，产蛋高峰过后，喂料量应逐渐下调。在生产实际中，应根据各品种的体重标准，控制体重，以便最大限度地发挥鸡群的生产性能。

3. 日常管理　实践证明，仅有优良特性的鸡种和科学的饲料配方并不能发挥出鸡群的最大生产潜力，生产性能的充分发挥，必须结合科学的管理才能实现，三者缺一不可。日常管理更为重要，其内容主要有以下几个方面。

(1)观察鸡群。每天开关灯、喂水、喂料、收蛋等工作都是观察鸡群的良好时机。观察鸡群主要查看鸡群的精神状态、食欲、粪便、产蛋等情况。发现呆立、羽毛蓬乱、有病态特征等的鸡要隔离观察，必要时请兽医诊治。产蛋率下降、软皮蛋、畸形蛋的产生都可在日常观察中发现，应将这些情况反馈给技术人员，寻找原因，对症处理。检查粪便稀稠度和颜色是否正常，可作为判断鸡群是否患病的依据。由于肉用种鸡的离地饲养使得判别粪便的颜色、形状更为方便。一般认为绿色粪便是消化不良、中毒或新城疫等病所致；红色粪便是寄生虫所致；白色石灰样稀便为法氏囊的症状。

(2)饲槽、水槽要经常刷洗消毒，鸡有边采食边喝水的习惯，同时，鸡舍内会有很多尘埃落入饲槽、水槽都会造成污染。所以任何季节都应每天刷洗水槽，在炎热夏季，最好上下午各刷洗水槽 1 次。

(3)网上平养时应设置足够的产蛋箱，产蛋箱设置的原则是 3～5 只鸡 1 个产蛋箱。产蛋箱设置不够时，窝外蛋就会增加，使破损率上升，降低种蛋利用率。捡蛋次数可多些，最好每天 4 次，以减少种蛋破损和污染。笼养时可每天上午和下午拣蛋各 1 次。种蛋捡出后，应尽快将不合格种蛋挑出后对种蛋进行熏蒸消毒，而后送入种蛋库保存。

(4)保持外界环境相对稳定，鸡由于有胆小容易惊群的特性，对外界环境条件的变化非常敏感，突然的声音、灯光的变化都是不良刺激，甚至工作人员的服饰变化都会引起惊群，所以饲养管理中尽量做到轻稳，尽可能减少进出鸡舍的次数，固定饲养人员，按时饲喂，每天固定工作程序，以最大限度减少鸡的应激。

(5)不同季节要有不同的管理，一般中小型鸡舍都受外界气候因素的影响，所以应采取必要的措施，尽可能降低不良气候的影响，如夏季应做好防暑降温，冬季防寒保温工作等。

4. 种公鸡的管理　种公鸡的繁殖性能比较容易度量。睾丸大小及精液品质都是可以测定的。种公鸡饲养显然是种鸡饲养中最重要的部分之一。它对繁殖力的影响从小鸡的初期饲养阶段就已开始。延长初期饲料的饲喂时间有助于促进骨骼生长，尤其是提高胫骨长度。长腿的种公鸡优于短腿种公鸡。

睾丸大小和精子数量也受营养影响。精子膜富含多聚不饱和脂肪酸，这种重要的长链多聚不饱和脂肪酸主要存在于鱼油中，实际的含量因鱼的种类而有很大差异。金枪鱼油是这种脂肪酸的良好来源。生产试验表明，这种脂肪酸对繁殖力有良好作用，特别是对 50 周龄以后的种公鸡，不仅对于种公鸡的繁殖力重要，对于种母鸡也一样。鱼油富含不饱和脂肪酸，特别容易氧化。因此，确信饲料中含有适当数量的抗氧化剂十分重要。维生素 E 具有的抗氧化性能可以稳定多聚不饱和脂肪酸，特别是在重要的组织中，每吨饲料的保证量可能是 150～200 克。

4 周龄公鸡的体重达到 590～725 克的，有较长的胫骨(表 12)这使得公鸡较容易与母鸡交配并会减低母鸡的死亡率。育成初期，体重较重的公鸡，通常在产蛋期间其体重最轻，在其他鸡群也有此种现象。

表 12　公鸡饲养管理及营养对体重及胫骨长度的影响

饲养计划*	体重(千克)			胫骨长度(毫米)	受精率(%)	
	4 周	12 周	20 周	4 周	12 周	
A	0.56	1.80	2.91	71.6	129.9	91.7
B	0.47	1.28	2.70	69.4	111.4	85.0
C	0.36	1.09	2.53	64.2	104.5	84.2

* 饲养计划 A:4 周完全给饲。

饲养计划 B:前 10 天给予肉鸡前期料并完全给饲，然后和母鸡混饲。

饲养计划 C:孵化后即与母鸡混饲。

使用高蛋白质(CP18%)的种鸡产前料后，再使用低蛋白质的产蛋期饲粮，对受精率有负面的影响，公鸡在 48 周龄后受精率低于 80%，此公鸡喂给种鸡产前料，接着给予低蛋白种鸡饲粮。即使公鸡在 40～50 周龄的给饲量不足，但受精率仍在 80%以上，而这些公鸡并未喂给种鸡产前料。虽然公鸡的日粮能量在 11 993 千焦/千克，蛋白质为 17.7%，但在 55 周龄时受精率仍急剧下降。

(1)产蛋期公鸡的采食量。公鸡在 36 周时每天减少 7 克给饲量，使得受精率下降，而体重增加。34 周龄及 40 周龄时给饲量各减少 2 克，也引起受精率急剧下降，但在 48 周时增加 1 克给饲量，可以使受精率得以恢复。这个现象可以解释为，在严重限饲之下，公鸡首先将采食能量用于维持，所剩余的能量才用于生长及繁殖(产生精子)，维持则包含交配活动。当采食能量降低至临界水平时，将导致暂时性失重，接着减少交配活动及精子生成，如此这些不活动的公鸡在能量需求量下降的情形下，即使给予较低饲料量其体重仍会增重。这说明在注重受精率及其持久性的同时，公鸡的给饲量要缓慢而持续增加。

(2)公母鸡比例。产蛋期严格限饲的公鸡，20 周龄时公鸡数目略增，有助于改善受精率。如果是自然交配则公母比例为 1∶(8～10)。若是人工授精则公母比例一般为 1∶(15～20)，如果做精液稀释则可以增加到 1∶30。

(3)微量营养。为了降低饲料成本，经常导致维生素及矿物质的强化水平下降，如此一来对受精率将有不利的影响，种鸡饲料中维生素 C 的含量在 100～250 毫克/千克时，其种蛋有较好的受精率，而 150 毫克/千克是最适合效益的含量，而维生素 E 是生精作用所必需的。

5. 肉种鸡的人工授精技术　随着肉鸡饲养业的不断发展，一些较大的种鸡场已经采取笼养肉用种鸡。肉用种鸡采取笼养后，公母分开不能实施自然交配，人工授精就成为生产受精种蛋的惟一途径。鸡采取人工授精后，能充分发挥优良种公鸡的利用率。自然交配时的肉用种鸡公母比例为 1∶(8～10)，而采用人工授精后公母比例可提高到 1∶(20～30)。如果做精液稀释则可以再增大比例。

(1)人工授精的准备工作。人工授精前要对所有的用具进行清洗和消毒。人工授精的用具有以下几种：

集精杯：为3～5厘米的漏斗状玻璃杯，或用较粗的试管。

输精器：用特制滴管，也可用普通滴管代替，还可以在注射器的前端安装特制的玻璃输精管，这种方法可以做到一只鸡换一个输精管，减少交叉污染。

另外，最好准备保温杯或保温桶，在外界温度很高或很低时使用，采精时还要有药棉，如果用后一种输精工具则还应准备输精盒，用于存放输精管。

以上所有与精液接触的用具都应严格洗刷，并用流动清水冲洗，然后用蒸馏水冲洗，烘干备用。如果条件允许，最好配备1台用于精液检查的显微镜，定期检查精液品质，以保证受精率。

(2)种公鸡的选择。种公鸡的选择需要经过几个过程。6～8周龄时，将符合品种要求、生长发育快、鸡冠发育明显、无病残的健壮公鸡留下，留种率为成年后公鸡实际需要量的2～3倍。随着日龄的增加，淘汰部分病鸡和残鸡。在配种前，通过对公鸡的调教训练，淘汰无射精反应、排精量少和精液过稀的公鸡。最后合格的种公鸡用于采精配种，最好采取一只笼一只公鸡的饲养方式。

(3)采精。采精时最好2人配合进行，1人保定公鸡，1人采精。保定者从笼中抓出公鸡，左右两手握住公鸡的大腿根部，鸡头朝后，身体保持平衡，两腿自然分开，紧贴身体右侧(如果采精者用右手按摩也可贴身体左侧)。采精者右手中指和无名指间夹着集精杯，杯口朝外，掌心紧贴公鸡耻骨下缘的腹部，做腹部抖动的准备。左手放于公鸡的腰背部向后至尾根按摩数次，当泄殖腔外翻或呈交尾动作时，左手立即离开背部，用大拇指与食指轻轻挤压泄殖腔外缘，肛门外翻即有精液排出。与此同时，用药棉将泄殖腔处的粪便和尿酸盐等污物擦去，夹着集精杯的右手迅速反转为手心朝上，集精杯放于泄殖腔下边,协同左手将精液收集到集精杯中。公鸡随个体不同其性反应的速度也不同。在实践中,应注意观察不同鸡的射精规律,力争采出最多精液。公鸡要轮回使用,不能使用过度,也不能长时间不用,如果是因精液品质不好而不用则应尽早淘汰。

(4)输精。输精也多为 2 人合作,1 人翻肛,1 人输精,但最好 3 人合作,2 人翻肛,1 人输精,工作效率最高。翻肛者一般是右手或左手从鸡笼中抓住鸡的两腿至笼门口,左手(或右手)拇指和其他 4 指跨于泄殖腔柔软部分,用巧劲向腹部施压,泄殖腔即可翻开,输卵管口也随即翻出,即可输精。输精的同时,要解除对腹部的压力,这有利于精液流向输卵管。用吸管输精时,输精管前端的空气应排出,输精器插入阴道深度为 2 厘米左右较为合适。输精量一般为原精的 0.025 毫升,其中有效精子数不低于 5 000 万~7 000 万。初次输精剂量应加倍或连续 2 天输精。输精量太少,精子数不足会影响受精率,输精太多不仅浪费精液,还会降低种鸡利用率。输精时间一般安排在绝大部分母鸡产蛋后,一般在下午 14~15 时以后进行。输精间隔为 4~5 天。收集种蛋的时间一般在 2 次输精后的第 2 天,若在首次输精后的第 2 天收集种蛋则这些种蛋的受精率不高。

6. 常见问题

(1)鸡群整齐度与产蛋率的关系。肉鸡种母鸡群产蛋高峰上不去,全年产蛋率不高的主要原因之一是鸡群的整齐度差。有些鸡群平均体重已达标准要求,但是个体之间差异很大,大的过肥,小的太弱。当然就大多数肉用仔鸡生产水平来说,距离这些记录还很远,说明潜力还很大。通过加强科学饲养管理,普遍提高肉用仔鸡的增重速度,仍然是大多数生产者努力奋斗的目标。

(2)限饲与光照控制结合进行。体成熟和性成熟能否同步进行对青年肉用种鸡极为重要。要求母鸡 24 周龄体重达 2.6 千克，并且此时达到性成熟，开始产蛋，但实际上常出现体重虽已达标，但尚未开产，或体重低于标准，就已开产的不同步现象。如果限饲与光照控制结合得好，就会通过光照的时数和强度调节开产日龄，使其性成熟与体重标准同步。

应当注意的是，在遇有不利于限饲的情况，如发病、投药等应激因素时，要暂时停止限饲，改为自由采食。待恢复正常时，再继续限饲。

(3)在进行限制饲养时要正确的确定各阶段的饲料供给量。

①从育成到开产阶段，饲料量确定的基础是育成鸡各周的实际体重(参照各种品种标准体重)，同时要考虑饲料中的能量和蛋白质水平。

②开产后至产蛋全期，饲料确定主要按鸡群实际产蛋率、舍内温度、健康状况并参考各品种鸡的标准体重。

③产蛋高峰前期即开产后 3～4 周饲料给量必须迅速增加或一下子达到产蛋高峰期的最大料量。

因为鸡群中有些已开产的早熟母鸡，其产蛋数、蛋重和本身体重同时在增加，因此若按周增加饲料量，这些鸡会感到营养不足。结果到产蛋高峰前的母鸡脱羽、停产，因而影响整个鸡群的产蛋水平。从产蛋规律看，开产后仅需 4～5 周时间产蛋率即可进入高峰，这时由于蛋数、蛋重急速增加，对营养需求量高，所以饲料的给予不应该按周平均分配，更不应只给仅能满足当时产蛋率需要的饲料，而应按照下 1 周的预期需要对鸡进行引导性饲养或一下子满足供应。这才能促使鸡群产蛋迅速达到高峰，而且高峰高、持续时间长，否则将永远不会出现高峰，导致全期产蛋量不多。

④高峰期饲料确定后，要保持饲料量的恒定。通常保持6～8周时间。目的是把产蛋率下降减少到最低程度，以保持高峰期的高产蛋率和产蛋持续时间。

高峰期内如果产蛋量受某些应激而略有下降，但蛋重仍在增加，两者相抵，则对营养的要求仍不变。40周龄后产蛋率开始下降，母鸡完成了生长阶段并且蛋重增加很少，这时母鸡对营养的总需求开始减少，应及时酌情减料，否则母鸡会出现过肥，产蛋率急剧下降。

采取试探性减料，就是说减料后，观察4～7天，看其产蛋率变化是否按常规下降。如果不正常或回升，则减料应暂停。原则上40周龄后产蛋率每下降4%，每只鸡平均减料约2.3克，从40～64周龄每只鸡应减少饲料14克左右。

(4)降低饲料消耗。饲料费用占肉用仔鸡全部生产费用的65%～70%之间，因此生产者对饲料转化率非常关心，每降低0.1的耗料率，也会给生产者带来可观的经济效益。

降低饲料消耗的途径主要有，选用优秀的商品杂交肉用鸡种，采用先进的饲养管理方法来提高早期生长速度，缩短肥育期限，尽早达到上市体重。饲料转化效率与肥育期限的长短存在高度的正相关，达到出场体重的肥育期限越短，每千克增重消耗的饲料越少。

今后随着肉鸡生长速度的提高，达到同一上市体重，所需的时间将每年缩短一天。不久将来，理想的生产指标是：上市体重1.8千克，肥育期7周龄，每千克增重耗料1.75千克。

(5)公母雏鸡分群饲养。肉用仔鸡从1日龄起就按性别分群饲养的优点已得到一致的肯定。它不但能提高产品的一致性，给机械加工带来许多便利，而且能有效地贯彻更精

细的科学饲养方法,从而加速肉鸡的肥育,增加经济效益。

按羽色在出壳时就能鉴别公母的育种成就,为按性别分群饲养提供了最方便的可靠基础。鉴别率一般都达到98%以上。

(6)种母鸡的繁殖力。种母鸡的繁殖力是很难度量的。它产的蛋既可能是受精的也可能是未受精的,但是我们对于围绕活胚发育所发生的一切事情远未弄清楚。丛林野禽对类胡萝卜素水平的要求比家禽要高几倍。在田野里自由采食青草的产蛋鸡也是如此。有些好的试验已经证明,类胡萝卜素可改善繁殖力。用虾青素(粉红色的色素)和橘黄色素(红色的色素)进行的试验显示了一些有趣的结果,很可能是其强的抗氧化特性能保护鸡的有关体系免受自由基攻击。它们是所谓的第二线防护系统,可以通过清除自由基分子而防止脂类分解产物的积累。

维生素E是最重要的胚胎抗氧化剂之一。种母鸡日粮中含的维生素E越多,就有越多的维生素E贮存到发育的胚胎肝脏组织之中,其产生的保护功能就越大。黄体色素是使卵黄产生颜色的一种主要类胡萝卜素,它具有高度的抗氧化活性,在胚胎发育过程中发挥高效作用。维生素A也是一种抗氧化剂,如果在种鸡日粮中含量过高,对维生素E有负面作用,因为会降低胚胎的维生素E水平,使细胞遭受过氧化作用的损害。

一直存在的一个问题是高水平的维生素E是否真正必不可少?因为似乎有一种自我限制水平。很重要的一点是抗氧化系统并不是仅仅受一种营养素所控制。实际情况要复杂得多。维生素E促进维生素C合成,因而提高其水平和抗氧化功能。但是我们不知道需要多少维生素E和维生素C才能引起这个综合的抗氧化反应。这就是为什么有些试验改进了孵化率而另一些则没有。但是必须记住的是，全国推荐的微量营养素水平，如维生素C和维生素E的水平，只是基本的生长所需，并未考虑到现代的管理、饲料加工和疾病应激等"不友好"环境条件下的需要量。

(7)降低脂肪沉积，防止鸡体过肥。肉用仔鸡沉积脂肪过多，近年来已经引起西方国家消费者的广泛议论，也是生产者关心的问题。现代肉用仔鸡仅腹部的脂肪垫平均占整个体重2%左右，加上其他皮下脂肪，就显得过肥，不受消费者欢迎。

脂肪沉积能力与遗传有关，而且遗传力还较高。肉鸡育种工作正努力使腹部脂肪垫降低到1.5%左右。沉积脂肪的多少与日粮能量水平密切相关，降低能量浓度提高蛋白含量肯定能减少脂肪的沉积。

肉用仔鸡脂肪沉积过多问题，在我国还不太突出。但是，沉积脂肪越多，饲料效率就越低，造成饲料浪费，因此也必须引起足够的重视。

(8)采用矮小型种鸡。近年来矮小型肉用种鸡引起人们的极大兴趣。矮小型是与伴性的隐性性状，按交叉规律遗传。当它与正常型的父本交配后，其子代不表现矮小特征。用于肉用仔鸡生产，它的主要优点是：

①小型种用母鸡体型小，体重比正常型肉用种母鸡小30%左右。消耗饲料少，从1日龄到产蛋结束，每只鸡可节省饲料13千克左右。

②节省饲养面积，提高鸡舍利用效率。矮小型鸡的饲养密度比正常型鸡高18%～20%。

③许多试验表明矮小型肉用种母鸡的产蛋量比正常型的高15%左右，能提供较多的肉用雏鸡。

矮小型鸡的主要缺点是：

a. 矮小型鸡沉积的脂肪多于正常型鸡。

b. 矮小型种母鸡所产子代的公鸡，其体重比正常型种母鸡的子代公鸡平均约低 2%。

由于矮小型鸡有这些重要优点和次要的缺点，使得它在近代肉用仔鸡生产中占据越来越重要的地位，受到肉鸡生产者的普遍关注。

下　篇

肉鸡疾病防治

第八章　鸡病的综合性防疫

要想养好鸡需要具备几个条件，这就是优良的品种、全价的饲料、完好的设备、精心的饲养管理以及严格的鸡病防治。其中鸡病防治是最重要的条件，这是因为如果没有严格的兽医防疫做保证，一旦发生较大的疫病，就会使鸡群死亡增多，产蛋下降，增加养鸡的成本，减少效益，甚至亏损。因此，养鸡场一定要把鸡场的鸡病防治放在首位，建立起一个完整的疫病防疫系统，疫病的防疫系统主要包括以下几个方面。

一、全进全出合理布局是控制疾病的基本条件

科学的养鸡是把成年鸡、育成鸡和雏鸡分开饲养，孵化场一定要远离鸡场。要绝对禁止把不同日龄的鸡放在一栋鸡舍里饲养，最好做到全场的全进全出，即进鸡时一次把全部鸡舍装满，或在短时间内把鸡舍装满。养完了这批鸡全部淘汰，全场进行彻底清扫、清洗、消毒，空舍2～4周，再进新鸡。如果一时做不到全场的全进全出，也可把全场的鸡舍划分为几个小区，做到小区的全进全出。

二、切实做到隔离饲养

为了防止传染病的发生，很重要的一条就是要做到严格的隔离饲养，防止一切传染病源传到场里来。这就要求养

鸡场要建在地势较高、平坦开阔、排水方便、水质良好，远离村镇、工厂、肉类加工厂。鸡场不得让外人参观，进场车辆要进行消毒。进场人员要洗澡、更衣、换鞋。防止外面畜禽进入场内。不要从疫区购买饲料，不用发霉变质的饲料。要注意防鸟、防鼠、防蚊蝇等。为保证雏鸡的安全，育雏期间最好把饲养员封锁在鸡舍里。

三、重视鸡场的环境卫生

鸡舍的环境包括鸡舍内的温度、湿度、风速、粉尘、有害气体的含量和病原微生物的含量等。这些条件指数都对鸡群的生长发育以及抗病能力有很大的影响。养鸡者要采取一切措施为鸡群创造一个良好的环境，保证鸡群的健康。

定期对鸡舍进行带鸡消毒，可以降低鸡舍空气中的粉尘和病原微生物的含量，对保证鸡群健康具有重要意义。夏季带鸡消毒还可降温。

鸡场内应分设净道和脏道。净道是专门运输饲料和产品（蛋、鸡等）的通道；脏道是专门运送鸡粪、死鸡和垃圾的通道。

场区内不能有鸡粪和鸡毛，要定期清扫消毒，每周至少1次。必要时进行深翻土地。死鸡不能乱扔，要及时收集，进行蒸煮、焚烧或深埋。

从鸡舍清出的鸡粪要及时运走，可进行发酵或烘干处理。鸡舍排出的废水应进行无害化处理。

四、坚持做好消毒工作

消毒工作是防止传染病发生的最重要的环节，也是做

好各种疫病免疫的基础和前提。消毒工作要制度化，经常化，不仅要做好养鸡的各个环节，如大门口、生产区、鸡舍、孵化、育雏等的消毒，而且要坚持做好带鸡消毒，即在鸡舍有鸡的情况下，用0.3%过氧乙酸或0.05%～0.1%的1210或百毒杀对鸡群进行消毒，这对环境的净化和疾病的防治具有很大作用。通过带鸡消毒不仅能使鸡舍的地面、墙壁、鸡体和空气中的细菌数量明显减少，还能降低空气中的粉尘、氨气，夏天还有降温作用。

五、加强饲养管理，提高鸡体体质，增强鸡群抗病力

污染的饲料和饮水是许多疾病的病因，因此养鸡场一定要十分重视饲料和饮水的卫生。鱼粉和骨粉中常常含有沙门氏菌和大肠杆菌，最好不要用来喂鸡。饲料的每种原料每次进料都要进行质量检查，发现霉败变质、污染严重的饲料坚决不能喂鸡。鸡的饮水应清洁，无病原菌。为防止经水传播疾病，可在饮水中加入次氯酸钠、1210、百毒杀等消毒药物。

六、认真做好免疫工作

用疫苗或菌苗对鸡群进行接种，使鸡群对某种疫病产生特异的抵抗力，称为免疫。免疫是防止传染病发生的重要手段，养鸡场必须根据本场疫病的发生情况认真做好各项疫病的免疫。

免疫能否成功，受多种因素的影响。例如，疫苗的种类、疫苗的质量、疫苗的运输保存、免疫的时机、免疫的方法等，都会对免疫的效果产生影响。因此，养鸡场一定要根据本场

的疫情和生产情况，制定本场的免疫计划。兽医人员要有计划地对鸡群进行抗体监测，以确定免疫的最佳时机，检查免疫效果。使用的疫苗要确保质量，免疫的剂量准确、方法得当。免疫前后，要保护好鸡群，要避免各种应激，对鸡群增加一些维生素E或免疫增强剂等，以提高免疫效果。

免疫是一项技术性很强的细致工作，每一种疫苗都有一定的免疫方法。只有正确地使用和操作，才能获得预期的效果。

（一）注射法

注射法又分为皮下注射法和肌肉注射法：

1. 皮下注射法　皮下注射的部位在鸡的颈背部。局部消毒后，用食指和拇指将颈背部皮肤捏起呈三角形，沿三角的下部刺入针头注射。

2. 肌肉注射法　肌肉注射的部位有胸肌和腿肌，多用于成鸡。肌肉注射时要注意刺入深度，避免伤及内脏及血管神经。

（二）刺种法

此法常用于鸡新城疫Ⅰ系苗、鸡痘苗的免疫。刺种部位在鸡翅膀内侧皮下，用洁净的钢笔尖或专用的刺针蘸取疫苗，每只鸡刺种两下。

（三）滴鼻点眼法

此法多用于雏鸡的免疫，因为是逐只免疫，免疫比较确实。具体方法是将稀释好的疫苗用滴注器在眼球或鼻孔滴上1～2滴疫苗悬浮液，一般采用滴鼻点眼并用，即在滴鼻的同时点眼。操作时注意固定雏鸡的手食指要堵住非滴鼻

侧的鼻孔，以加速疫苗的吸入。滴眼时要等疫苗扩散后才能放开雏鸡。

（四）浸嘴法

将雏鸡的嘴浸入稀释的疫苗中，以便使疫苗渗入鼻腔内。此法适用于雏鸡的鸡新城疫疫苗和传染性支气管炎疫苗的免疫。

（五）饮水免疫

是将弱毒疫苗混入水中进行免疫接种。此法应用方便，安全性好。其缺点是疫苗易受多种因素影响，免疫效果不整齐。值得注意的是应根据季节、天气的不同，免疫前要停水4～6小时，夏季最好夜间停水，清晨饮水免疫。但有人建议饮用传染性法氏囊疫苗时，不要停水。稀释疫苗最好用深井水或凉开水，为保护疫苗免受有害因素影响，在饮水中加入0.1%～0.5%的脱脂奶粉。不要用金属的饮水器，饮水器应清洁，不含消毒剂。

（六）气雾免疫

适用于密集饲养鸡群的免疫，使用方便，节省人力。疫苗的稀释以蒸馏水或去离子水为好，疫苗量应增加30%或100%，最好加入0.1%的脱脂乳或3%～5%甘油。为避免因气雾免疫诱发支原体病，气雾免疫时雾滴大小要控制好，雏鸡用的雾滴直径为70～100微米，成鸡为5～15微米，免疫前对鸡群投予泰乐菌素等抗支原体病的药物。气雾免疫时舍内光线要暗些，关闭门窗，停止使用风机。在停止喷雾20～30分钟后，才开启门窗和风机。喷雾时，操作者可距鸡只2～3米，喷头与鸡保持1米左右的距离，成45°，使雾滴刚好落在鸡的头部。免疫接种及接种后鸡体对疫苗的反应，由于个体的差异，鸡群中抗体水平不可能绝对一致，应及时在免疫后对免疫的效果进行检测。如鸡新城疫用弱毒苗免疫后 7～10 天进行 HI 抗体检测，如果鸡群的抗体滴度提高了 2 个滴度，则免疫是成功的。如果未达到这个水平，则免疫失败，须查找免疫失败原因。

导致免疫失败的原因可能是多方面的，如疫苗的运输保存出了问题，造成疫苗失效；免疫操作失当；疫苗中加入了抗生素，使疫苗受到破坏；两种病的免疫间隔时间不够，以至相互受到干扰等。免疫未获成功，应找出原因，进行补免。

有时免疫过某种病后，不仅没有起到免疫作用，相反，在免疫后的一两天内引发了这种免疫的病。这是因为在免疫前鸡群已经感染了这种病，鸡群正处于病的潜伏状态，免疫促进了疫病的暴发。在法氏囊和鸡新城疫的免疫时，常会出现这种情况。因此，鸡群的严格隔离，鸡场日常的严格消毒，对免疫能否成功是非常重要的。

每个鸡场应根据本场的具体情况，制订出本场的免疫程序，不应随便把别场的免疫程序拿来照搬硬套。现提出一免疫程序供参考(表 13)。

表 13 肉鸡免疫程序

序号	日龄	疫苗	免疫方法
1	1	ND 新威灵＋H120	喷雾
2	5	ND 油苗	1/2 量肌内注射
3	10	Lasota＋Mass＋Con	点眼
4	16	IBD 法倍灵	饮水
5	22	ND 新倍灵	饮水

续表 13

序号	日龄	疫苗	免疫方法
6	1	MD	皮下注射
7	3	Ma5＋Clone30	滴鼻、点眼
8	5	REO	肌肉注射
9		球虫疫苗	口服
10	10	ND＋AI H5＋H9 灭活苗	颈后皮下注射 1/2 量
11	14	IBD	饮水
		IB4/91＋H120	滴鼻点眼 或大雾滴气雾
12	21	Ma5＋Clone30	大雾滴气雾
13		鸡痘苗	刺种
14	30	IBD	饮水
15	48	REO 灭活苗	肌肉注射
16		AI H5＋H9 灭活苗	肌肉注射
17		鼻炎灭活苗	皮下注射
18	55	H120＋Lasota	气雾
		IB 4/91	气雾
19	65	ILT	点眼
20	80	MG 灭活苗	肌肉注射
21	90	AE＋鸡痘	刺种
22		ND Lasota	气雾
		AI H5＋H9 灭活苗	肌肉注射
23	100	IB4/91＋H120	气雾
24	110	EDS－76 灭活苗	皮下注射
25		鼻炎灭活苗	皮下注射
26	120	NDLasota	气雾
27	130	ILT	点眼
28	140	ND＋IBD＋IB＋REO 灭活苗	皮下注射
		EDS 灭活苗	肌肉注射
		MG 灭活苗	肌肉注射
		AI H5＋H9 灭活苗	皮下注射

续表 13

序号	日龄	疫苗	免疫方法
29	24 周	H120+Lasota	气雾
30	28 周后每隔 8～10 周	Lasota	气雾
31	40 周	ND+AI H5+H9 灭活苗	皮下注射

七、有计划地用药，预防疾病的发生

根据本场的发病情况，有计划地在一定日龄对鸡群投药可以做到预防在先，防止或减少疾病的发生。如在 1～5 日龄投予泰乐菌素预防支原体病；1～7 日龄投予恩诺沙星等预防鸡白痢和大肠杆菌病；对肉鸡从育雏开始在饲料中添加抗球虫药预防球虫病等。为了有针对性地用药，应做药敏试验，选用敏感药物。为避免抗药性的产生，可常变换用药的种类。用药时要选择国家允许使用的药物，严格掌握用药时间，免得造成鸡肉或鸡蛋中药物残留，危害人的健康。

第九章　病毒性疾病的防治

一、鸡新城疫

鸡新城疫又叫亚洲鸡瘟。它是一种由病毒引起的高度接触性、急性败血性传染病。主要特征为呼吸困难、下痢、神经机能紊乱、黏膜和浆膜出血。主要侵袭鸡和火鸡,其他禽类也可感染。

病原　本病的病原是新城疫病毒,是一种副黏病毒。它对热抵抗力比较强,通常 100℃ 1 分钟、50℃ 5～6 分钟、37℃数小时至几天,仍具有感染性、免疫原性和对红细胞的凝集性。对酸碱的适应范围较广,在 pH 2～10 范围内均有感染性。同时还耐低温,温度越低,生存的时间越长。对消毒药的抵抗力较弱,感染尿囊液的病毒,遇到 2%福尔马林或 3%来苏儿,可在几分钟内丧失感染性。

流行特点　鸡、火鸡、鹌鹑、野鸡等禽类对本病都有易感性,其中以鸡最为敏感,其次是野鸡,来航鸡比本地鸡敏感,老鸡敏感性低。

本病的主要传染源是病鸡、死鸡以及带毒鸡。某些鸟类可传播此病。病从口鼻分泌物和粪便排出病毒。病流行过后的带毒鸡,呈慢性经过,是造成本病流行的原因之一。

本病主要是通过呼吸道和消化道感染,鸡蛋也可带毒。野禽,外寄生虫,人、畜均可机械地传播病原。病鸡的分泌物及排泄物,血、肉、内脏、鸡毛和消化道内容物等是主要的传染来源。

临床症状 潜伏期一般为3～5天。根据病毒毒力的强弱和病程的长短，可分为最急性、急性和亚急性或慢性3种类型。

最急性型：病鸡常常没有任何症状而突然死亡。

急性型：病鸡体温升高到43℃，采食减少或根本不吃。精神不好，离群呆立，缩颈闭眼。鸡冠、肉髯呈紫红色或紫黑色。呼吸困难，伸脖张口，甩头，发出"咕咕声"或"咯咯"声，有时打喷嚏。倒提鸡时从口内流出大量淡白色液体。嗉囊内充满液体或气体。拉稀，有时带血。蛋鸡产蛋减少或停止。病鸡一般在1～2天或3～5天内死亡。

亚急性或慢性：多由急性转来，病鸡初期症状同急性型，表现为明显的呼吸症状，病程稍长的则出现神经症状，跛行，一肢或两肢瘫痪。两翅下垂，转圈，后退，头后仰或向一侧扭曲。病程10天左右，少数病鸡可自愈。成年鸡发病，除较轻的一般症状外，主要表现为产蛋急剧下降，软壳蛋较平时明显增多，或有拉稀症状。

病理变化 嗉囊中充满带气泡的酸性液体；腺胃黏膜水肿，乳头顶端或乳头之间出血，有的在肌胃角膜层下有出血斑点；盲肠扁桃体肿大、出血、坏死。小肠黏膜有枣核样纤维素性坏死灶；直肠黏膜出血。

防治措施 通过卫生管理和疫苗接种综合措施来预防新城疫的发生。卫生管理主要是控制病原体侵入鸡群。外来人员不得进入鸡场，并防止飞鸟和野生动物的侵入。严格市场检疫，禁止出售病死鸡。鸡场一旦发生新城疫时，要求严格的封锁、隔离、消毒、捕杀病鸡和紧急预防接种等综合措施迅速扑灭疫情。

根据抗体监测的结果来指导免疫，是防止鸡新城疫最有效的手段。有条件的鸡场，最好能根据对鸡群抗体监测的结果，确定鸡群免疫的最佳时间。

目前我国生产的鸡新城疫疫苗有Ⅰ、Ⅱ、Ⅲ、Ⅳ等4个品系。Ⅰ系疫苗(又称为印度系)为中等毒力疫苗，其他3种疫苗为弱毒疫苗。在弱毒疫苗中，Ⅳ系(Lasota)疫苗毒力较强，Ⅱ系次之，Ⅲ系最弱。弱毒疫苗适用于雏鸡及成鸡，一般接种后不会引起严重反应。Ⅰ系疫苗只供2个月以上的鸡使用，接种后有时个别鸡发生明显反应，然而免疫后产生抗体快，免疫效力强，适合疫病严重流行地区使用。不过为安全起见，在使用Ⅰ系苗之前，要用弱毒苗进行基础免疫。油乳剂灭活苗产生抗体慢，但产生的抗体高而整齐，持续时间长，与弱毒苗联合使用，对于一些被新城疫病毒严重污染的鸡场，可以起到明显效果。一般在10日龄前用弱毒苗通过滴鼻、点眼或大雾滴气雾免疫，10日龄用半个剂量油乳剂灭活苗注射免疫。以后，每隔15～20天进行一次抗体监测，当鸡群中有20%的鸡抗体滴度在4 log2以下，就用弱毒苗进行气雾免疫。在18～20周龄时，对鸡注射一次油乳剂灭活苗。以后应坚持每月对鸡群进行抗体监测，当鸡群中有20%的鸡抗体滴度在8 log2以下时，用Ⅳ系苗气雾免疫，或用Ⅳ系苗气雾免疫，同时注射油乳剂灭活苗，使鸡群的抗体水平始终保持在8 log2以上。只有这样，才能使鸡群的产蛋水平保持稳定。

一旦发生疫情，可及时注射鸡新城疫高免卵黄抗体，或用4倍剂量Ⅳ系苗紧急注射。

二、禽　流　感

禽流感以往又称为欧洲鸡瘟或真性鸡瘟，这是由禽流感病毒引起的禽类一种全身性、出血性败血症。主要侵害禽的呼吸道和生殖系统。由于病毒毒力的不同，禽感染后的症状和危害程度也有所不同。有的呈无症状的隐性感染；有的呈致死率较低的表现为呼吸道感染；也有的呈高致死率、急性出血性感染。此病在欧美一些国家曾因暴发此病，给养禽业造成巨大损失。进几年来，我国已有禽流感发生的报道，应引起高度重视。

病原 本病的病原是禽流感病毒，是病毒属的成员。流感病毒按抗原性分为A、B、C 3个型，其中B、C两型仅对人致病，A型可对人、猪、马和禽致病。禽流感病毒属于A型流感病毒。流感病毒的囊膜纤突上含有两种不同的抗原性物质血凝素(HA)和神经氨酸酶(NA)，HA和NA的不同，构成了血清型不同的流感病毒。目前已从禽类分离到的禽流感病毒可区分为14种特异的HA抗原和9种特异NA抗原，不同的禽流感病毒亚型毒力差异很大，同一亚型内不同毒株及毒株感染宿主时其毒力也不尽相同。非致病性毒株和低致病力毒株感染后往往只引起一些轻微症状，而高致病力毒株感染却可引起大于75%的死亡率。已经证明，HA基因对流感病毒的致病力非常重要，如目前发现的高致病力毒株仅是H5或H7亚型中的某些毒株。禽流感病毒能凝集鸡和某些哺乳动物的红细胞。在自然环境中的流感病毒，在寒冷和潮湿环境中可存活很长时间。粪便中的流感病毒，其传染性在4℃可保持长达30～35天。20℃时可存活7天，发病鸡群在淘汰105天后，仍可从湿粪中分离到具有传染性的病毒。流感病毒在羽毛中可存活18天，在冷冻的禽肉和骨髓中可存活10个月。在自然情况下，存在于鼻腔分泌物和粪便中的病毒，由于受到有机物的保护，具有极大的抵抗力。在家禽暴发本病期间，被分泌物和粪便污染的

水槽或湖泊、池塘的水中，常可发现病毒。

禽流感病毒对福尔马林、乙醚、丙酮等有机溶剂敏感，常用的消毒剂如酚类或含氯的消毒剂对流感病毒都有较好的消毒效果。该病毒对热也比较敏感。56℃加热30分钟，60℃加热10分钟，65～70℃加热数分钟即丧失活性。阳光直射40～48小时即可灭活该病毒，用紫外线直接照射，可迅速破坏其感染性。堆沤的粪便中10～20天可将高致病性流感病毒全部灭活。

流行病学 许多种类的家禽和野禽如鸡、火鸡、鸭、鹅、珍珠鸡、鹌鹑等都可成为病毒的贮存宿主。鸭可以感染发病、带毒，而且长时间排毒。某些哺乳动物，如猪、海豹、水貂等都可感染。

病禽和带毒的禽以及动物是本病的主要传染源。感染禽可从呼吸道、结膜和粪便排出病毒。本病可通过被污染的水、饲料、工具等传播，人也是重要的传播者。强毒可使易感禽直接发病，弱毒可在禽群中反复传代增殖，有可能变异为强毒。

临床症状 本病的潜伏期可由数小时至几天。其临床症状由于所感染的禽的种类、年龄、性别、并发感染、环境因素、病毒毒力的不同而呈现不同症状。

最急性型 由高致病力的病毒所引起，常无明显症状，突然死亡。

急性型 常由中等毒力的病毒所引起，潜伏期为4～5天。为目前发生禽流感常见的一种病型。发病率高，但死亡率较低。常见的症状是精神沉郁，体温升高(43～44℃)，食欲减退或消失，消瘦，产蛋明显下降。病禽呈现咳嗽、喷嚏，气管有罗音，眼流泪。副鼻窦肿大，头、脸水肿，流黏液性鼻液，呼吸困难。鸡冠、肉髯发紫或苍白，羽毛蓬乱。有的病禽可能出现神经症状或下痢。

慢性型　由低毒力病毒引起，只出现轻微的一过性呼吸道症状，发病率和死亡率都很低。

病理变化　由于禽种和感染病毒毒力不同，其病变也不同。病理变化主要表现以下几个方面：

(1)气管黏膜充血、水肿并伴有浆液性到干酪样不等的渗出物，少数病例气管腔内有血样物，有结膜炎、鼻窦炎，窦肿胀，往往窦内见有卡他性、纤维素性、黏液脓性或干酪性炎症。气囊增厚并附有纤维素性或干酪样渗出物。

(2)腺胃黏膜乳头呈点状或带状出血，特别是腺胃与肌胃交界部附近的腺胃黏膜表面，十二指肠、泄殖腔黏膜以及盲肠扁桃体均有充血和出血。腺胃黏膜表面有大量脓性分泌物。有的病例在肝、脾、肾、肺等脏器上见有坏死灶。

(3)卵巢及输卵管黏膜充血和出血，卵泡变形、卵黄变稀且易破裂，有时病死母鸡的腹腔有大量新鲜的蛋黄。输卵管内有浆液性、黏液脓性或干酪样物质。

(4)严重发病鸡群可见各种浆膜和黏膜表面有小出血点，体内脂肪有点状或斑状出血。

(5)有些病鸡发生明显的脱水。

诊断　根据病的流行情况，症状和剖检变化可做出初步诊断，但要确诊须做病原分离鉴定和血清学试验。血清学检查是诊断禽流感重要的特异性方法，常用的有琼脂扩散试验、血凝抑制试验和神经氨酸酶抑制试验等。琼脂扩散试验用于流感病毒型的检查，是以病毒的核蛋白抗原检查血清中的抗体，对禽流感的诊断可起到定性的作用，但不能确定禽流感病毒的亚型；血凝抑制试验和神经氨酸酶抑制试验是用病毒的表面抗原(HA 和 NA)检查禽流感病毒的亚型。

防治措施 平时要重视综合性兽医防疫工作，尽量避免所养的禽只同野禽、野鸟接触，防止野鸟进入禽舍，防止水源和饲料被野禽、野鸟的粪便等污染，不从疫区进购饲料，为防止经饲料传染本病，可对禽群喂颗粒料。严格执行防疫制度，谢绝外来人员参观，工作人员进出养禽场要淋浴、更衣，禁止饲养人员家里养鸡、养鸟等。此外，加强饲养管理，提高禽体对疾病的抵抗力，避免或减少应激因素的发生，做好鸡新城疫、传染性支气管炎、传染性喉气管炎、传染性法氏囊炎等病的免疫，对禽流感的防治都有重要意义。

一旦发生高致病力的禽流感病，要严格执行封锁、隔离、消毒、捕杀病鸡等措施。将原发疫区和周围禽场严格隔离；捕杀发病场所有的禽群；清除被捕杀的家禽、禽产品、废弃杂物、粪便、饲料及设备，然后对整个鸡场进行彻底清洗、消毒；饲养过病禽的房舍经过充分清洗消毒后，要空舍 30 天以上，经严格检查合格，才允许恢复生产；对疫区以外的禽群和各种野禽进行血清学检查，阳性者一律捕杀，对新进场的禽群定期做血清学检查，监视疫情的发展。

使用禽流感灭活苗进行免疫接种，可以有效地控制本病的发生，减低病所造成的损失。接种灭活苗的血清型要根据当地流行的毒株的血清型而定，应在禽流感 HI 抗体监测条件下进行免疫，HI 抗体水平要保持在 6 log2 以上。10～15 日龄前首免，45～60 日龄二免，85～90 日龄三免，125～130 日龄四免，220～250 日龄五免。

目前对禽流感还没有特异性的治疗方法，在生产中可在发病早期用一些抗病毒药物，如盐酸金刚烷胺、盐酸金刚乙胺、病毒唑等进行防治，为控制细菌病及支原体病的继发可用抗生素对症治疗。一些免疫增强剂如“福乐健”等可增强鸡群对病毒感染的抵抗力，对促进鸡群健康的恢复有很好的作用。当发生呼吸道症状时，可用镇咳祛痰药物缓解症状。有些有抗病毒作用的中草药也可在禽流感的防治中应用。

三、马立克氏病

马立克氏病是由病毒引起的一种鸡的肿瘤性疾病，增生的淋巴细胞侵入鸡的内脏器官、神经干、皮肤、肌肉和眼，以形成肿瘤为特征。

病原　本病的病原是一种疱疹病毒，可在鸡胚纤维母细胞及鸡肾细胞上生长繁殖，并能在这些细胞和鸡的毛囊细胞中产生核内包涵体。对环境中许多因素有较强的抵抗力。病毒可长期存在于鸡群中，能无限期地成为传染源。病毒在垫料中室温条件下，感染性可保持 16 周，病鸡干燥羽毛的感染性在室温中可保持 8 个月，在 4℃中至少可保持 7 年。该病毒对化学药物较敏感，许多普通化学消毒剂可在 10 分钟内将其灭活，福尔马林熏蒸可在短时间内灭活。

流行特点　马立克氏病遍布世界各国，很少有未被感染的鸡群。未经免疫或免疫失败的鸡群患病后，其死亡率为 25%～30%，最高可达 60%。因此，马立克氏病造成的经济损失相当大。本病主要感染鸡，其他禽类自然感染发病较少。病毒进入鸡体内顽固地附着在细胞中，待细胞破坏后，病毒的感染性便消失了。脱离细胞的成熟病毒可进入皮肤毛囊上皮细胞，而随着皮屑在空气中传播。病鸡的排泄物和分泌物中可含有病毒，能够污染饲料、饮水和环境。被污染的场地可在较长时间内保持传染性。易感鸡通过直接或间接接触而感染。其他鸟类、禽类也可以传播此病。传染性法氏囊炎、传染性贫血病等可增加马立克氏病的发病率。

临床症状 根据被侵害病变部位和临床表现可分为神经型、眼型、皮肤型和内脏型等4种。

1. 神经型 又称麻痹型。主要是由于淋巴样细胞增生侵害和破坏坐骨神经、翼神经、颈部迷走神经和视神经等外周神经，而引起这些神经支配的一些器官和组织，如腿、翼、颈、眼的一侧性不完全麻痹。坐骨神经麻痹的鸡，往往采取一只腿向前一只腿向后的姿势。

2. 眼型 又称灰眼病。一只眼或双眼球被淋巴样肿瘤细胞浸润，使瞳孔缩小，虹膜变为灰色并混浊。眼底肿瘤增大时，瞳孔变为不规则或偏离虹膜中心，视力减弱或失明。

3. 皮肤型 皮肤上的毛囊被增殖性或肿瘤性淋巴细胞浸润，患部毛囊周围的皮肤凸起、粗糙，呈颗粒状，如黄豆。当肌肉被浸润时，形成灰白色肿瘤结节状隆起，大多数在胸肌和腿肌部出现。

4. 内脏型 主要侵害肝、脾、肾、肺、腺胃、卵巢、心脏等内脏器官，并形成淋巴样细胞增生性肿瘤。常常使发育健壮的育成鸡呈急性死亡，死亡率可在短时间内达30%。

病理变化 神经系统主要是周围神经干受侵害，常常使坐骨神经肿大2～3倍，呈淡黄色无光泽，纹理消失，有时呈结节状肿大。内脏中的性腺(尤其是卵巢)最易受侵害，其他肝、脾、肾、心脏、肠管、腺胃、肠系膜、胰脏等器官，可能出现单个或多个的淋巴性肿瘤病灶。法氏囊一般表现萎缩。肌肉病变以胸肌最常见，有大小不等的灰白色细纹结节状肿瘤。肌纤维失去光泽，呈灰白色或明显的橙黄色。皮肤发生病变时脱毛，毛囊肿大，形成灰白色结节，甚至可使淡褐色的痂皮中央形成凹陷。

诊断

1. 依据病史 一般呈慢性经过，往往2～5月龄的育成鸡易发生，死亡率高，而且很快达到高峰后再下降。

2. 临床症状和病理解剖　大多数的病鸡发生肿瘤病变。根据发生的不同类型进行分别诊断。

内脏型马立克氏病与淋巴白血病的鉴别诊断如下：马立克氏病通常发生于2～5月龄的鸡，死亡率很高而且很快达到高峰后再下降；而淋巴白血病一般发生于性成熟的鸡(16周龄以上的鸡)，流行是不知不觉的，死亡率低而呈持续性，没有明显的高峰。剖检时，患淋巴白血病鸡的实质脏器，仅肝、脾、肾出现肿瘤病变，法氏囊可见结节状肿胀；而马立克氏病除肝、脾、肾外，胃、外周神经、虹膜、皮肤、生殖腺、心、肺、骨骼肌等都可能见到肿瘤，法氏囊一般萎缩。

防治措施

(1)雏鸡出壳后应立即注射MD疫苗，使用的疫苗保证有效，疫苗注射质量严格确实。在我国肉鸡生产中考虑到肉鸡生长期短，不易发生马立克氏病，一般不再对商品肉鸡进行马立克氏疫苗的免疫。实际上马立克氏病是一种免疫抑制病，肉鸡可感染马立克氏病，抑制鸡只的免疫，影响肉鸡的抗病力和生长发育。为提高肉鸡的生产水平，商品肉鸡也应进行马立克氏病的免疫。

(2)加强饲养管理，喂给全价饲料，搞好环境卫生，严禁闲散人、畜出入鸡舍，严格防范鼠、猫、犬及野禽等进入鸡舍，减少应激。

(3)定期搞好出雏室和育雏舍的彻底消毒、除尘，有条件应采取密闭条件下育雏，防止早期感染。

(4)出现MD单价苗免疫失败时，如果是因母源抗体的影响，可改用血清型不同的疫苗，如果是由于鸡场马立克氏病病毒污染严重或怀疑有超强毒马立克氏病毒存在，可用双价苗、多价苗或CVI 988疫苗。

四、J型骨髓性白血病

J型骨髓性白血病(ML)是鸡的一种肿瘤性疾病，20世纪80年代末，英国人首次从肉鸡中分离出该病毒。此病主要发生在肉鸡群，随着肉鸡养殖业的发展，此病也广泛传播，目前在美国和其他养肉鸡的国家，在肉种鸡群中有很高的感染率(有的肉种鸡群高达50%)和发病率。

病原 本病的病原为J亚群白血病病毒，是一种反转录病毒。据研究报道此病毒系一外源性白血病病毒与一内源性E亚群的囊膜基因重组体。该病毒能感染多种禽类的细胞培养物，但对哺乳动物细胞不易感。迄今为止尚未发现任何肉用型鸡对此病毒有遗传抵抗力，而商品来航鸡不发生肿瘤，但对该病毒有易感性。

流行特点 骨髓性白血病(ML)对成年鸡群重要的经济影响是高死亡率，这与肿瘤的发生有关。种公鸡感染本病后由于发育受到影响，导致受精率降低；种母鸡感染本病，产蛋下降，死亡率明显增高，在整个产蛋期间月死亡率可高达6%，或在产蛋高峰期出现更高的死亡率。至于肉鸡感染本病所带来的损失目前尚在确认之中，临床观察初步表明来源于高度感染的种鸡的肉鸡，其均匀度不整齐，鸡只苍白，羽毛异常，后期死亡率明显增高，这通常与易发呼吸道疾病有关，总之使肉鸡的生产性能受到影响。这对肉鸡养殖业是一个严重的经济挑战。

在严重感染的成年鸡群中60%～70%死鸡可见到肿瘤，肿瘤通常在17周龄初出现，表现为成髓细胞瘤和髓细胞瘤。病死鸡的肝脏、脾、肾和其他器官均可能有肿瘤发生。由于肿瘤细胞的浸润，使得器官肿大并且在肋骨和肋软骨接合处，胸骨内侧有奶油状肿瘤形成，下颌骨、鼻腔的软骨上，头骨的扁骨(头盖骨)也常受到侵害发生异常的隆起，即骨髓细胞瘤。有时也常见其他类型的肿瘤。

本病的临床症状和病理变化与感染日龄、育种或杂交育种的基因组成、引起免疫抑制性疾病的伴发以及环境和管理等因素有关。

骨髓性白血病既能够垂直传染，也能够水平传染。对种鸡而言，水平传染更为重要，因为在用常规的方法检查出感染的种鸡之前，病毒已经以极快的速度在鸡群中传播开了。

诊断 本病的诊断主要根据病理学和病毒学鉴定。根据肿瘤出现的部位和性质往往可以做出初步诊断。病毒的分离可采用淋巴白血病病毒的分离方法，从肿瘤组织、血清和泄殖腔或阴道棉拭子中分离。

防治措施 本病的有效控制措施是及早从高代次种鸡群中剔出骨髓性白血病阳性鸡。用病毒中和试验或新开发的 ELISA 试验能检出感染群血清中的 ALV-J 抗体，用聚合酶链反应(PCR)试验来检测 ALV-J 病毒。控制本病的发生还应加强鸡场的环境卫生消毒，严格控制马立克氏病、网状内皮增殖症、传染性法氏囊病、鸡贫血病毒病和霉菌中毒的发生。在饲养管理上，要特别注意雏鸡阶段的饲养管理，种公鸡和种母鸡要分开饲养，要注意鸡群的饲养密度、种鸡群中公鸡和母鸡适当的比例，以减少应激。

五、鸡传染性法氏囊炎

鸡传染性法氏囊炎是青年鸡的一种急性、接触性传染病。临床表现为精神不振、厌食、间歇性腹泻、震颤和重度虚弱，剖检变化以脱水、骨骼肌出血、肾小管尿酸盐沉积和法氏囊肿大、出血为特征。

本病的危害主要是病毒侵害鸡的中枢免疫器官——法氏囊，使鸡的法氏囊的淋巴细胞生产受到破坏，降低或不能产生免疫球蛋白，导致免疫机能障碍。因而，使鸡群对疫苗接种的应答反应性降低，并对多种其他疾病的易感性增高，即出现免疫抑制现象。

病原 本病病毒粒子大小为55～63纳米，在人工培养增殖过程中可出现直径20纳米的病毒颗粒碎解产物。该病毒对理化因素抵抗力较强，加热56℃ 5小时、60℃ 90分钟仍存活；在－20℃环境保存了3年后，对鸡仍有感染力。病毒在自然界存活时间较长，在病鸡舍中的病毒可存活122天。病毒对乙醚、氯仿、酚类、升汞和季胺盐等都有较强的抵抗力，但以含氯化合物、含碘制剂、甲醛敏感。

流行特点 传染性法氏囊炎遍布于全世界许多养鸡发达的国家和地区，造成相当严重的经济损失。1979年以来，我国北京、上海、山东、江苏、黑龙江、河南、吉林、云南等省陆续有发生此病的报道。1988年以来，我国不同类型鸡场，发生了严重的流行，造成巨大的经济损失。

传染性法氏囊炎病毒的自然宿主主要限于鸡和火鸡。从鸡分离的传染性法氏囊炎病毒只能使鸡感染发病，实验感染火鸡不发病，但能产生抗体，从火鸡分离的病毒仅能使火鸡感染，对鸡无影响。不同品种的鸡均可发病，其中来航鸡较易感。

本病的发生与日龄有密切关系，不同日龄的鸡对此病的敏感性不同，其特点是在法氏囊有功能时方可发病，幼龄雏鸡因母源抗体而得到保护，成年鸡又因法氏囊萎缩而不敏感，或取隐性经过。但个别情况下也有14～20周龄鸡群呈急性暴发的报道。在自然条件下，2～11周龄可发病，但以 3～6 周龄多发病，其中 4 周龄最易感。无母源抗体的雏鸡在出壳不久即可因感染野毒而发病。

本病发生无季节性，只要有易感鸡存在，全年都可发病。本病具有高度接触传染性，可在感染鸡和易感鸡之间迅速传播。本病也可在病鸡及隐性感染鸡群之间迅速传播。病鸡及隐性感染的带毒鸡是本病的主要传染来源。污染的饲料、饮水、垫草、用具等皆可成为传播媒介。主要经呼吸道、眼结膜及消化道感染。本病在易感鸡群发病率很高，可达 80%～100%，死亡率不等，低的为 4%～5%，高的达 30%～60% 或以上。当伴发其他疾病时，死亡率便会增高。初次暴发本病的鸡场，发病常为急性，症状明显，死亡率也较高，在流行后发病常转为不显症状的隐性感染，病变也不典型。在流行病学上具有一过性的特点。即潜伏期短（1～5 天），人工接种后 2～3 天出现症状，病程 1 周左右，于感染后第 3 天开始死亡，4～6 天达最高峰，8～9 天后即停止死亡。

临床症状 本病潜伏期很短，感染后 2～3 天出现症状，早期为厌食、呆立，羽毛蓬乱，畏寒战栗等，继而部分鸡有自行啄肛现象。随后病鸡排白色或黄白色水样便，肛门周围羽毛被粪便污染。急性者出现症状后 1～2 天内死亡，死前拒食、羞明、震颤。病鸡耐过后出现贫血、消瘦、生长缓慢、饲料利用率低。当本病与曲霉菌病等合并感染时，病鸡不仅病情加重，死亡率高，而且病程也长。

总之，本病的突出表现为发病突然，发病率高，死亡集中发生在很短的几天之间以及鸡群的康复较为迅速。鸡群的饲养管理卫生条件越差，流行时鸡的日龄越小，发病率和死亡率一般也越高。

病理变化 本病的特征变化是：骨骼肌脱水，胸肌颜色发暗，股部和胸部肌肉常有出血，呈斑点或条纹状，有的出现黑褐色血肿。腺胃和肌胃交界处有出血斑或散在出血点。盲肠扁桃体出血肿大。法氏囊浆膜呈胶胨样肿胀，有的法氏囊可肿大2～3倍，法氏囊大多可见出血，呈点状或出血斑，严重者法氏囊内充满血块，外观呈紫葡萄状。病程长的法氏囊萎缩，呈灰黑色。有的法氏囊内有干酪样坏死物。肝脏略肿、质脆，颜色发黄或呈黄色条纹状。有的肝表面可见出血点。肾肿大，呈斑纹状。输尿管中有尿酸盐沉积。

诊断 根据流行病学特点、临床症状、剖检病变可初步诊断本病。进一步确诊需依据病毒分离鉴定及血清学试验。

鉴别诊断：

1．鸡新城疫 速发型嗜内脏型新城疫腺胃出血、扁桃体出血，法氏囊也出血、坏死，但此病死亡率高，肠道有溃疡，有呼吸道和神经症状等，可以区别开。

2．鸡住白细胞原虫病 除胸、腿部肌肉出血外，肌肉上有小白色结节，肝脏出血，嗉囊内有血液，血液检查可见到裂殖体或配子体。

3．磺胺类药物中毒 胸肌、腿部肌肉出血，肾苍白肿大，有磺胺结晶，有使用磺胺类药物史，停喂磺胺药后病情好转和停息。

4．马立克氏病和淋巴白血病 患这两种病时法氏囊也可能肿大或缩小，但还有典型的神经症状和病变及剖检时内脏器官的肿瘤结节。

5．传染性支气管炎 要注意与肾型传染性支气管炎引起的肾脏病变相区别。

防治

1．加强饲养管理及卫生措施 加强鸡群的饲养管理，保持进雏时间的间隔，做到鸡舍消毒后2～4周后方可进雏，实行全进全出的饲养制，做好清洁卫生及消毒工作，减少和避免各种应激因素等，这些防制传染病的一般原则，对防制传染性法氏囊炎是十分重要的。

2. 免疫接种　通过有效的免疫接种，使鸡群获得特异性抵抗力，这是防制传染性法氏囊炎的最重要的措施。

(1)提高种鸡的抗体水平。种鸡除了在雏鸡阶段进行中等毒力的活疫苗免疫以外，为了提高子代雏鸡的母源抗体水平，还应在18～20周龄和40～42周龄时各进行一次传染性法氏囊炎油乳剂灭活苗的免疫。

(2)雏鸡的免疫。要根据雏鸡的母源抗体水平确定雏鸡的首免时间。雏鸡出壳后每间隔3天用琼脂扩散法或酶标法测定雏鸡的母源抗体，当鸡群的琼脂扩散法阳性率达到30%～50%或酶标的平均OD值达到3 000～3 500时，对雏鸡进行首免；首免后7～10天进行二免。如果没有检测条件，可采用12～14日龄进行首免，20～24日龄进行二免。所用的疫苗为中等毒力疫苗。

3. 发病鸡群的防治

(1)加强饲养管理。适当降低饲料中的蛋白含量(降低到15%左右)，提高维生素的含量。适当提高鸡舍的温度，饮水中加5%的糖或补液盐，减少各种应激。

(2)对鸡舍和养鸡环境进行严格的消毒，有机碘制剂、含氯制剂或福尔马林对此病病毒有较强的杀灭作用。

(3)发病早期用传染性法氏囊炎高免血清或高免蛋黄匀浆及时注射，有较好的防治作用。当有细菌病混合感染时，要投服对症的抗生素控制继发感染。

六、鸡传染性支气管炎

鸡传染性支气管炎是由病毒引起的急性、高度接触性的呼吸道传染病。其特征是病鸡咳嗽、喷嚏和气管发生罗音。雏鸡还可出现流鼻液，产蛋减少，蛋质下降。本病在世界许多国家广泛流行，我国也有发生。1991 年以来，我国许多地方发生了肾型传染性支气管炎，给养鸡生产造成很大危害。

病原 传染性支气管炎病毒主要存在于病鸡的呼吸道渗出物中，实质脏器及血液中也能发现病毒。该病毒属于冠状病毒，目前已分离出十几个血清型的毒株。病毒能在10～11 日龄的鸡胚中生长。从病料中分离出的病毒，初次接种鸡胚时，多数鸡胚能存活，少数生长迟缓。在通过鸡胚3～5代后，即可阻止鸡胚发育或使其死亡。在致病性上，有的毒株能引起肾炎——肾病综合征，即肾型传染性支气管炎。发生肾型传染性支气管炎时，呼吸道症状不明显。病毒对外界的抵抗力不强，加热 56℃ 15 分钟死亡。但在低温条件下存活时间长。如在－20℃时能存活 7 年，冻干后在 4℃冰箱中保存可达 19 年。常用的消毒药，如 1%来苏儿、1%石炭酸、0.1%高锰酸钾、1%福尔马林及 70%酒精等均能在 3～5 分钟内将其杀死。

流行特点 本病只有鸡发病，其他家禽均不感染。各种年龄、品种的鸡都可发病，但以雏鸡最严重。一般以 40 日龄以内的鸡多发，死亡率也高。本病主要经过呼吸道感染，病鸡从呼吸道排出病毒，通过飞沫传给易感鸡。也可通过被污染的饲料、饮水及饲养管理用具，经过消化道传染。病鸡与健康鸡同舍饲养，传播迅速，可在 48 小时内出现症状。康复鸡所下的蛋、气管与泄殖腔的分泌物均可带毒，不过一般不超过 35 天。鸡群拥挤、过热、过冷、通风不良、缺乏维生素和微量元素以及饲料供应不足等，均可促进本病的发生。本病秋冬季节易流行。

临床症状 潜伏期1～7天，平均3天，人工感染18～36小时发病。病鸡无明显前期症状，常常突然发病，出现呼吸道症状，并迅速波及全群为特征。幼龄病鸡表现为伸颈，张口呼吸，咳嗽，有特征性的呼吸声响，尤以夜间听得更清楚。随着病情的发展，全身症状加重，精神委靡，食欲废绝，羽毛蓬乱，翅下垂，昏睡，怕冷，常常挤在一起。2周龄以内的病雏鸡，还常见鼻窦肿胀，流出黏性鼻液，流泪，眼圈周围潮湿，病鸡逐渐消瘦等症状。2个月以上和成年鸡发病时，主要症状是呼吸困难，咳嗽，喷嚏，气管有罗音，一般少见有分泌物。产蛋鸡的产蛋量下降(下降25%～50%)，产软皮蛋、畸形蛋或粗壳蛋，同时出现蛋白稀薄如水样，蛋白和蛋黄分离以及蛋白粘于蛋壳膜上等异常现象。种蛋的孵化率降低。发生肾型传染性支气管炎时，鸡群除表现呼吸症状外，还可见病鸡喜喝水，不爱吃食，粪便呈水样排泄(含大量尿酸盐的尿液)。病程一般为1～2周，有的拖至3周。雏鸡死亡率可达25%，1个月以上的鸡发病死亡率低。患病的幼龄母鸡，其输卵管可造成永久性的损害，长成成鸡后成为“假母鸡”。

病理变化 主要病变是气管、支气管和鼻腔有浆液性或干酪样渗出物。雏鸡的鼻腔、鼻窦黏膜充血，有黏稠分泌物。产蛋母鸡的腹腔内可见液状卵黄物质。卵泡充血、出血，卵巢呈退行性变化。发生肾型传染性支气管炎时，则见肾脏肿大、苍白，肾小管或输尿管充满尿酸盐结晶，并有肠炎变化。

诊断 根据流行特点、临床症状和病理变化可做初步诊断，要确诊此病，须做病毒分离鉴定和血清学检查。

防治措施 加强饲养管理和做好卫生消毒和免疫工作。一般情况下，1周龄时使用H120疫苗，采用滴鼻、点眼或饮水免疫，4～6 周龄时使用 H120 疫苗饮水免疫，18～20 周龄时用 H52 饮水或油佐剂灭活苗注射免疫。发生肾型传染性支气管炎时可于 5～7 日龄用 Ma5 疫苗滴鼻、点眼免疫，18 日龄时用当地分离的肾传支病毒制作的油乳剂灭活苗免疫鸡群，28 日龄时用 Ma5 疫苗饮水免疫。

鸡群发病时，适当提高鸡舍温度，饲料中增加维生素的投量，服用"补液盐"等措施可降低病鸡的死亡率。并发细菌性疾病时使用有效的抗生素防治继发感染。

七、鸡传染性喉气管炎

鸡传染性喉气管炎是由疱疹病毒引起的一种急性呼吸道传染病。其特征是呼吸困难、咳嗽和咯出含有血液的渗出物。剖检时可见喉部、气管黏膜肿胀、出血和糜烂，发病早期，患部细胞可形成核内包涵体。本病传播快，死亡率高，危害养鸡业的发展。

流行特点　在自然条件下，本病主要侵害鸡，而且各种年龄及品种均可感染，但以成年鸡症状最有特征。幼龄火鸡、野鸡和孔雀也可感染。病鸡及康复后的带毒鸡是主要传染来源，一般经呼吸道及眼内传染。被呼吸器官及鼻腔分泌物污染的垫草、饲料、饮水及用具，可成为传染媒介。人及野生动物的活动，也可机械地传播。种蛋也可能传播。有少部分的康复鸡，带毒时间可长达 2 年。鸡群拥挤、通风不良、饲养管理不好、缺乏维生素和寄生虫感染等，都可促进本病的发生和传播。本病一旦传入鸡群，则迅速传开，感染率可达 90%以上。死亡率因饲养条件和和鸡群状况不同而异，低的 5%左右，高的可达 50%～70%。

临床症状　自然感染的潜伏期为 6～12 天，人工气管接种 2～4 天。病鸡初期有鼻液，呈半透明状，眼流泪，伴有结膜炎。其后表现为特征性的呼吸道症状，即呼吸时发出湿性罗音，咳嗽，有喘鸣音。病鸡蹲伏地面或栖架上。每次吸气时头和颈向前、向上、张口，呈尽力吸气的姿势，有喘鸣声。严重病例，高度呼吸困难，痉挛咳嗽，可咯出带血的黏液。若分泌物不能咯出而堵住气管时，可窒息死亡。病鸡食欲减少或消失，迅速消瘦，鸡冠发紫，有时还排出绿色稀粪，最后多因衰竭死亡。产蛋鸡的产蛋量迅速减少或停止，康复后 1～2 个月才能恢复。病程 5～10 天或更长，不死者多经 8～10 天恢复，有的可成为带毒鸡。

剖检变化 主要病变在气管和喉部。病初黏膜充血、肿胀，有黏液。进而黏膜发生变性、出血和坏死，管腔变窄。病程 2～3 天后，有黄白色纤维性干酪样伪膜。由于剧烈地咳嗽和痉挛性呼吸，咯出的分泌物中混有血凝块以及脱落的上皮组织。严重时炎症也可波及到支气管、肺和气囊等部位，甚至上行至眶下窦。

诊断 本病常突然发生，传播快，成年鸡发生最多。发病率高，死亡率因条件不同差别较大。临床症状较为典型，张口呼吸，喘气有罗音，咳嗽时可咯出带血的黏液。气管呈现卡他性和出血性炎症病变。根据以上特点此病不难诊断。如进一步确诊，可进行实验室检查。

(1)发病初期(1～5 天)，用气管和眼结膜组织，经姬姆萨氏染色，可见到核内包涵体。

(2)病鸡的气管分泌物或组织悬液，经气管接种易感鸡，2～5 天可出现典型的传染性喉气管炎的病变。

(3)用病料(气管渗出物和肺)悬液离心取上清液，加入青、链霉素作用后，取 0.1～0.2 毫升悬液，接种到 9～12 日龄鸡胚绒毛尿囊膜或尿囊腔，3天后可出现痘斑样病灶和核内包涵体。

防治 目前尚无有效治疗药物。发病时可对症治疗，并用抗菌药物防止继发感染。饲养管理用具及鸡舍要进行消毒。病愈鸡不可与易感鸡混群饲养。在本病流行地区，可通过点眼、滴鼻接种弱毒疫苗免疫鸡群。第一次免疫时间为4周龄左右，6周后进行第二次免疫。

在传染性喉气管炎的免疫上存在的问题是有些疫苗毒力较强，鸡接种后反应较强，如发生肿眼等现象，个别鸡群甚至出现死鸡。如果出现这种情况，可改用毒力较弱的疫苗。

当鸡群发病时应及时采取紧急免疫，因传染性喉气管炎在鸡群中传播较慢，对发病鸡群紧急点眼免疫，可挽救绝大部分鸡只。传染性喉气管炎免疫为细胞免疫，"福乐健"是一种免疫促进剂，对细胞免疫有显著的促进作用，当发生传染性喉气管炎时，在用疫苗紧急免疫的同时，给鸡群用"福乐健"饮水3天，疫情就会很快得以平息。

八、禽 痘

禽痘是禽类常见的一种高度接触传染的病毒性疾病。一年四季均可发生，秋冬季发病率较高。自然感染时死亡率较低，但遇毒力很强的病毒或有其他传染病混合感染时，死亡率也会增高。皮肤型禽痘以皮肤结节状增生为特征，黏膜型鸡痘以上消化道和呼吸道出现增生病变为特征。

病原 是禽的一种痘病毒。在病变的皮肤表皮细胞内或感染鸡胚的绒毛尿囊膜等细胞浆内，可见到大小不一、形状各异的胞浆A型包涵体。禽痘病毒对外界环境的抵抗力很强，加热至60℃3小时才能杀死，在－15℃以下可保持许多年的传染力。但在1%烧碱、1%醋酸或0.1%升汞溶液中5分钟内被杀死。

流行特点 禽痘主要发生于鸡、火鸡和鸽，也可发生于鸟类。各种年龄、性别和不同品种的鸡都可感染，以雏鸡最为严重。

病毒通常存在于病禽落下的皮、粪便、喷嚏或咳嗽等排泄物中。传染主要通过皮肤或黏膜的伤口。某些吸血昆虫，特别是蚊子能够携带病毒，这可能是夏秋造成鸡痘流行的一个原因。

临床症状 潜伏期为4～10天。根据症状和病变可分为皮肤型、黏膜型和混合型。

1. 皮肤型 首先在头部无羽毛部如冠、肉髯、耳垂、眼睑和口角处时成一种灰白色的小结节，很快增大变为灰黄色芝麻、绿豆大小的痘疣。并与临近的结节互相融合，形成大的痘痂。痘痂呈褐色或黑红色，干燥，表面粗糙不平。剥去痘痂，露出一种出血的陷凹。痂皮脱落后形成瘢痕。眼睑发生痘疹时，由于皮肤增厚，可使眼缝完全闭合。单纯皮肤型禽痘，全身症状很轻，如病变范围大，表现精神沉郁，食欲不佳，体温升高，产蛋减少或停止。病程15～40天。

2. 黏膜型 在口腔、咽喉和气管黏膜上发生痘疹。初期呈现黄白色的圆形、稍突起的斑点，逐渐扩散成为白喉样伪膜，不易剥离，当剥离或自然脱落后，留下不整齐稍下陷的溃疡。喉头有伪膜时，可引起呼吸困难。侵害鼻咽部时，则泪管和下眼窝发炎，在鼻窦中蓄积黏液和脓性分泌物。侵害眼睛时，初期呈现卡他性结膜炎，进而出现大量淡黄色黏液和脓性分泌物或纤维蛋白性渗出物。如将眼睛翻开，可见到干燥的黄白色块状物，使眼睛肿胀，眼球迫挤在后。全身症状初期变化不大，逐渐发生吞咽困难，精神委顿，并有腹

泻，逐渐消瘦。多数呈慢性经过而死亡。耐过的鸡无生产价值。病程5～6周。

3. 混合型　在鸡冠、肉垂和皮肤上出现痘疹，并可在口腔、喉头发生白喉伪膜。

临床诊断　鸡痘的典型皮肤病变可以作为诊断的依据，但如表现为黏膜型或混合型感染时，则需进行实验室诊断。

防治措施　加强饲养管理，保持良好的环境卫生，定期作好鸡舍和用具的清洁消毒，及时扑灭驱赶蚊、蠓等吸血昆虫，可取得较好的预防效果。对病鸡的治疗无特效药物，只能采取对症疗法。黏膜型的用消毒的镊子剥离伪膜后涂碘甘油（碘酊1份、甘油3份混合）。

接种疫苗预防禽痘，经多年实践证明有效。多采用翼翅刺种法进行免疫，第一次免疫在10～20日龄，第二次免疫在产蛋前1～2个月进行。在禽痘高发的地区和季节，可重复免疫接种。接种后7～10天观察禽群有无“出痘”现象，以确定免疫的效果。一般接种后10～14天产生免疫力。

九、鸡传染性贫血病

鸡传染性贫血病是由鸡传染性贫血病病毒引起的雏鸡以再生障碍性贫血和全身淋巴组织萎缩、皮下和肌肉出血及高死亡率为特征的一种免疫抑制性疾病，经常合并、继发和加重病毒、细菌和真菌性感染，造成较大危害。

1979年首次在日本报道了本病，并分离到病原。之后，相继在许多国家有此病的报道。在我国，于1992年（李孝欣，崔现兰）从发病鸡群中分离到病毒，从而证实此病在我国的存在。根据近几年我国学者的流行病学调查，鸡传染性贫血病在我国鸡群中的感染率在40%～60%(崔现兰,刘越龙等)。国内外的病原分离和血清学调查结果表明,鸡传染性贫血可能呈全世界分布,由鸡传染性贫血病诱发的鸡病已成为一个严重的经济问题,特别是对肉鸡生产危害更大。

病原 鸡传染性贫血病病毒属于圆环病毒科。该病毒是一种无囊膜的DNA病毒,呈六角形,直径为25～26.5纳米。该病毒耐热、耐酸,对氯仿和乙醚稳定,76℃ 1小时处理后的病毒对雏鸡仍有致病性。对酚敏感,能抵抗季胺类化合物及两性肥皂。福尔马林和含氯制剂可用于消毒。

鸡传染性贫血病毒可在1日龄雏鸡、细胞培养或鸡胚上增殖,不能在常用的哺乳动物的细胞系中生长,只能在由鸡马立克氏病病毒和淋巴白血病病毒转化的某些淋巴瘤细胞上生长。不凝集禽和哺乳动物红细胞。病毒分离毒株之间无抗原性差异,但在致病力上可能存在差异。

流行特点 全球性流行。鸡是鸡传染性贫血病病毒惟一的宿主。各种年龄的鸡均可感染,自然感染常见于2～4周龄的雏鸡,1～7日龄雏鸡最易感,其中以肉鸡尤其是公鸡更易感。随着日龄的增长,其易感性、发病率和死亡率逐渐降低。雏鸡感染本病毒后,发病与否以及发病死亡情况除了与日龄有关外,还与母源抗体和是否伴发或继发其他疾病有关。如并发传染性法氏囊炎时,6周龄以上的鸡也可发病。传染性法氏囊炎病毒、马立克氏病病毒、网状内皮增殖症病毒及其他免疫抑制药物能增强传染性贫血病病毒的传染性和降低母源抗体的保护力,从而增加鸡的发病率和死亡率。鸡传染性贫血病病毒引起鸡免疫抑制不仅会增强鸡对继发感染的敏感性,还会导致疫苗免疫力受到抑制,尤其使马立克疫苗免疫力受到抑制,促使马立克氏病的暴发。

本病能经种蛋垂直感染，也可通过水平传播。经孵化的鸡蛋进行垂直传播认为是本病的最重要的传播途径。由公鸡的精液也可造成种蛋的感染。实验感染母鸡，在感染后8～14天可经卵传播，在野外鸡群垂直传播可能出现在感染后的3～6周。水平传播可通过口腔、消化道和呼吸道引起感染。

临床症状 本病的主要临床症状特征是贫血。病鸡表现精神沉郁、消瘦、苍白、翅膀皮炎或蓝翅，全身点状出血，临死鸡可见腹泻。血稀如水，血凝时间延长，红细胞压积值可降低到20%以下，红细胞、白细胞数量减少，可分别降到200万个/平方毫米和5 000个/立方毫米以下，血细胞容积值低于27%。发病鸡的死亡率可因继发感染的情况以及环境等因素不同而不一致。实验感染的死亡率不超过30%，无并发症的病鸡，特别是由水平感染引起的，一般不会引起高死亡率。感染后20～28天存活的鸡可逐渐恢复正常。

病理变化 剖检病鸡，可见肌肉消瘦苍白，血液稀薄如水，骨髓色淡，呈黄白色，胸腺与法氏囊显著萎缩，肝、脾、肾肿大，退色，胃肠道和肌肉有点状出血，严重者肌胃黏膜糜烂。局部皮下出血，若继发细菌感染，可导致坏疽性皮炎。有的鸡肺实变，心肌出血。

组织学病理变化，主要见于骨髓和淋巴样组织。骨髓中造血细胞严重减少，几乎被脂肪组织所取代。血管周围淋巴样组织以及胸腺小叶、法氏囊、腺胃等器官的淋巴样组织中的淋巴细胞严重缺失，网状细胞增生。

诊断 根据病鸡发病日龄、症状、病理变化、流行情况可怀疑本病。但要确诊本病必须进行病原分离鉴定和血清学检查。

1. 现场诊断 本病主要发生于鸡，2～4周龄的鸡最易感，日龄增大对本病的易感性迅速下降，日龄越小发病和死亡越严重。剖检病变可见贫血变化，胸腺萎缩，呈脂肪色。病鸡的红细胞、白细胞及血小板均显著见少，红细胞压积值在20%以下。

2. 病毒分离　将病死鸡的肝脏制成匀浆，取上清液，加热70℃ 5分钟或用氯仿处理以去除或灭活可能的污染物，用于雏鸡、鸡胚或细胞培养接种。

3. 血清学诊断　可用血清中和试验、间接免疫荧光抗体试验、酶联免疫吸附试验检测感染鸡血清中的抗体。用免疫荧光抗体或免疫过氧化物酶试验、DNA探针、聚合酶链反应(PCR)检测鸡组织或细胞培养物中的病毒。

防治措施　首先，要做好马立克氏病、传染性法氏囊病等病的免疫，以降低雏鸡对传染性贫血病的易感性。对传染性贫血病鸡可用广谱抗生素控制细菌的并发或继发感染；其次，为防止雏鸡感染暴发此病，可对种鸡进行疫苗接种，使子代雏鸡具有母源抗体而防止发病。德国已研究出传染性贫血病弱毒冻干疫苗，其用法是对13～15周龄的种鸡饮水免疫，种鸡免疫后6周所产的蛋可留做种用。

十、病毒性关节炎

家禽病毒性关节炎主要发生于鸡，是由呼肠孤病毒引起关节滑膜炎、腱鞘炎的传染病。

病原　呼肠孤病毒可经卵黄囊或绒毛尿囊膜接种在鸡胚内生长。卵黄囊接种鸡胚，3～5天鸡胚死亡，鸡胚皮下广泛出血。绒毛尿囊膜接种，在7～8天后鸡胚死亡，鸡胚肝脾肿大、坏死，绒毛尿囊膜出现分散的白色病灶。病毒还可在原代鸡胚、肝、肺、肾、巨噬细胞和睾丸培养细胞内生长。

呼肠孤病毒对热有抵抗力，能耐受60℃ 8～12小时、56℃ 22小时，4 ℃下能存活3年以上。对乙醚不敏感，对pH3、0.2%来苏儿、3%甲醛溶液均有抵抗力；70%酒精和0.5%有机碘可将其灭活。

流行特点 本病只感染鸡，2周龄雏鸡较易感，自然发病多见于4～7周龄。病鸡和易感鸡的直接或间接接触可引起传播。病鸡可通过消化道和呼吸道排出病毒。粪便是主要接触性传染源。本病可以垂直方式传递。病鸡产的蛋有的带毒，孵出的雏鸡发病。

潜伏期的长短因病毒的致病性、鸡的日龄和感染途径而不同。气管内接种或直接接触病毒，其发病潜伏期分别为9天和13天。

临床症状 肉用鸡和产蛋鸡都感染本病，以肉用鸡发病较多。鸡群发病率5%～10%，死亡率约1%。此外，慢性病鸡由于发育停滞，无商品价值而淘汰的可达20%～30%，对肉用鸡危害很大。

病鸡表现消瘦、贫血、排出水样戏粪及较多的白色尿，精神沉郁，食欲减退，步行困难，常伏在鸡舍一角，逐渐衰竭而死。关节炎多发生在跗关节和趾关节，多数是两侧关节受侵害。发病鸡群发育不整齐，出现多量跛行鸡。

病理变化 多数病鸡的跗关节、趾关节囊、趾屈肌腱及伸肌腱出现潮红、肿胀病变，有的有波动感。急性期的关节囊及腱鞘充血，有时伴有点状出血的水肿性肥厚，关节腔有草黄色或带血色的滑液增多，并混有纤维素性絮片。大雏或成鸡易发生腓肠腱断裂。转成慢性后，关节硬固变形，跗关节皮肤茶褐色，有的形成溃疡。关节囊和腱鞘有纤维素性肥厚，关节两骨端形成溃疡。病变部皮下水肿和出血。有时还可见到心外膜炎，肝、脾和心肌上有细小的坏死灶。

诊断 根据本病多年发生于5～7周龄的肉用仔鸡，跗关节、趾关节部易发病，并有心外膜炎等特点，可以做出初步诊断。进一步确诊需进行病毒分离和血清学检查。检查病鸡血中的抗体可用中和试验、琼脂扩散或荧光抗体法等。

防治措施 对发病的鸡场采取隔离、严格消毒、全进全出饲养方式以防止新旧鸡接触感染。国外研究出预防本病的弱毒疫苗和油乳剂灭活苗。弱毒苗分为小鸡用的疫苗和大鸡用的疫苗。小鸡用的疫苗用于1周龄以内的小鸡，皮下注射；大鸡用的疫苗适用于8～10周龄的鸡，皮下注射。油乳剂灭活苗用于18～20周龄的种鸡，肌肉或皮下注射。种鸡经过弱毒苗和灭活苗免疫，母体的免疫力可传给后代并在后代保持3～4周龄。

十一、肉鸡传染性生长障碍综合征

本病也称为矮小综合征。

病原 目前，对本病的病原和发生机制还没有完全弄清，尚待研究。不过许多学者从病鸡的肠道和胰腺分离出呼肠孤病毒、细小病毒、嵌杯样病毒及肠道病毒等多种病毒，其原因是错综复杂的。

流行特点 肉鸡最为易感，蛋鸡也有发生。本病既能水平传播，也能垂直感染。发病率一般为5%～20%。有报道最早4日龄即可发病，8～14日龄死亡率可达12%～15%。

临床症状 小肠和胰腺是最常侵害的靶器官，使小肠的消化吸收功能低下，当胰腺严重受损时影响脂肪的消化吸收，导致脂溶性维生素A、维生素E、维生素D_3和维生素K等缺乏。病鸡在临诊上表现腹泻，排出黄褐色黏稠的稀便，生长停滞，发育受阻个体矮小瘦弱，被称为小僵鸡。病情严重的个体在4～8周龄时体重不足200克。羽毛生长异常，颈部常留有未褪的绒毛，长羽粗糙无光泽，蓬乱不齐，也有形象地称为“直升飞机病”。病鸡两腿软弱无力，行走困难，步样蹒跚。嘴、脚的色素消退而苍白。有时两腿抽搐头向后仰呈角弓反张姿势。

剖检变化　多数病鸡可见腺胃及腺胃乳头肿大，肌胃缩小，胃壁变薄。小肠扩张，内充满消化不全的饲料。盲肠充满黄色带有泡沫样的液体内容物。胰腺萎缩苍白变硬。股骨、胫骨发育迟滞，骨质疏松，弯曲变形，股骨头糜烂坏死和断裂。胸腺、法氏囊萎缩。心肌炎和心包积水。

诊断　根据临床症状和剖检变化，可对此病做出诊断。

防治措施　由于病原还没有完全弄清，因此，目前对本病尚无有效预防办法。

为了防止病毒的传播，对感染鸡舍饲养用具等经过彻底冲刷再以10%福尔马林液喷洒消毒，在进鸡前连同垫料在密闭条件下用福尔马林熏蒸消毒，可减少本病的发生。

肉用种鸡在接种呼肠孤弱毒苗的基础上产蛋前接种两次灭活苗，对仔代肉鸡有一定交叉保护作用。

对病鸡加量补充维生素A、维生素E、维生素D_3和微量元素硒对病情有一定缓解作用。

此外，改善饲养管理条件，既要注意鸡舍保温，又要加强舍内空气流通。降低饲养密度等有可能减轻本病的危害。

第十章　细菌性疾病的防治

一、禽沙门氏菌病

沙门氏菌病是指由沙门氏菌引起的一类急性或慢性疾病,其中包括引起鸡和人发病的肠炎沙门氏菌。这类疾病当中对家禽危害比较大的有:鸡白痢、禽伤寒和副伤寒。

病原　沙门氏菌,革兰氏染色阴性,为两端稍圆的细长杆菌,无荚膜和芽孢,也无鞭毛,不能运动。对环境的抵抗力较强,在温度 5～8℃,于木制饲槽上可生存 65 日,夏季在土壤中可生存 20～35 日,冬季可生存 128～184 日,在鸡粪悬浮液可生存 3 个月以上,附着绒毛上的细菌可生存约 1 年。黏附于卵壳上的细菌经 5 日、在孵化器内经 3 日即可死亡。在 20℃贮存的鸡蛋黄内的细菌繁殖很快。

流行特点　不同品种的禽都具有感染性,易感程度与年龄、品种有关,雏鸡流行最为广泛,3 周龄以内的鸡发病率和死亡率都高。随着日龄的增加,鸡的抵抗力也随之增强。鸡的各个品种之间的易感性有明显差别,产褐壳蛋的鸡比产白壳蛋的鸡敏感。

鸡、火鸡、鸭、雉鸡、孔雀、鹌鹑、鸽、麻雀等均可自然感染,感染 3～10 天产生抗体。

病鸡和带菌鸡是主要传染源,既可水平传播,也可垂直传播。阳性鸡所产的蛋一部分可带有本菌,大部分带菌蛋的胚胎在孵化途中死亡或停止发育,少部分可呈带菌状态孵

出，但多数在出壳不久发病。病雏的排泄物及分泌物污染饲料、饮水和用具，可使同群雏受感染，感染雏多数死亡，但有一部分呈带菌状态，到产蛋时又产出带菌蛋，形成反复感染，循环发病，使疫病代代相传下来。雄鸡交配时，也可将病菌传染给母鸡。此外，苍蝇、麻雀也是传染媒介。雏鸡的饲养管理不良、温度忽高忽低、饲料营养不全、长途运输等，都可促使本病发生流行和死亡率增高。

临床症状

雏鸡：由带菌蛋孵出的雏，大部分在7日之内死亡。同群感染的雏，则在2～3周内死亡。病雏怕冷，常常成堆拥挤在一起，翅膀下垂，精神委靡，停食，嗜睡。排出白色粪便，常黏在尾部羽毛上，有时阻塞肛门，排便困难，甚至排不出粪便。排便时常发出尖叫，腹部膨大。肺部感染时，则表现呼吸困难。还会引起关节肿大，出现跛行。幸存的雏鸡多为僵鸡。

成鸡：通常不表现急性传染病的特征，多无症状而耐过。然而卵巢发病时，可引起产蛋降低，所产的带菌蛋可降低孵化率，或孵出感染雏，雏鸡的成活率降低。被感染的鸡有的也精神委靡不振，食欲废绝，缩脖，翅膀下垂，羽毛逆立，肉垂呈暗紫色，排稀粪。一部分鸡1～5日内呈败血症死亡，其他病鸡可渐渐耐过。

病理变化 早期死亡的雏鸡，肝脏肿大、充血或有条纹状出血，胆囊肿大，含有大量胆汁。肺充血或出血。病程长的卵黄吸收不良，呈油脂样或干酪样。发生鸡白痢时，在肝、肺、心脏、肠及肌胃上，有黄色坏死点或小结节，心肌上的结节增大时能使心脏显著变形。盲肠部膨大，其内容物有干酪样阻塞。肾脏的色泽暗红色或苍白，肾小管和输尿管扩张，充满尿酸盐。

成年母鸡常见卵巢皱缩、变形、变色，呈囊肿状。急性或慢性心包炎。受侵害的卵泡有的落入腹腔，导致泛发性腹膜炎及腹水，腹腔器官粘连。公鸡的睾丸萎缩，呈青灰色，输精管内有干酪样物质充塞而膨大。有的肝脏显著肿大，质地很脆，往往发生肝破裂，引起严重的内出血，造成病鸡突然死亡。

诊断 根据流行特点、发病症状和剖检变化可做初步诊断，进一部确诊须做病原分离鉴定和血清学检查。

防治 鸡白痢沙门氏菌既可垂直传播又可水平传播，污染面大。养鸡的全过程都可造成此病的发生和流行。沙门氏菌对防治药物极易产生抗药性。因此，要控制此类疾病的发生和流行，必须做好种鸡的检疫净化和环境、饲料、饮水的卫生以及对种蛋、孵化过程中的消毒工作。

药物预防和治疗：应根据药敏试验选择敏感药物用于本病的预防和治疗。常用的药物有：

1. 硫酸安普霉素

混饮：0.25～0.5 毫克/升水，连用 5 天。

2. 恩诺沙星

混饮：25～75 毫克/升水，连用 3～5 天。

3. 硫酸新霉素

混饮：50～75 毫克/升水，连用 3～5 天。

混饲：77～154 克/1 000 千克饲料，连用 3～5 天。

4. 盐酸土霉素

混饮：53～211 毫克/升，用药 7～14 天。

定期对鸡群投喂微生态制剂对预防沙门氏菌病有很好作用。

免疫：国外已研究出预防沙门氏菌病的菌苗用于生产，菌苗分为活菌苗和死菌苗。

推荐的免疫接种程序：

1. 活菌苗　商品蛋鸡1日龄、7周龄和16周龄3次饮水免疫。

种鸡1日龄和7周龄，饮水免疫，16～18周龄，肌肉注射接种。

2. 活/死苗（主要适用于种鸡）

(1)1日龄和7周龄，用活菌苗饮水免疫，16～18周龄，用死菌苗皮下注射。

(2)严重污染地区1日龄和7周龄，用活菌苗饮水免疫，10～12周龄和16～18周龄，皮下注射。在一个生产蛋周期和/或强制换羽后，建议再用死菌苗免疫接种1次。

二、鸡大肠杆菌病

鸡大肠杆菌病是由埃希氏大肠杆菌引起的一种常见病，其特征是引起心包炎、肝周炎、气囊炎、腹膜炎、输卵管炎、滑膜炎、大肠杆菌性肉芽肿和脐炎等病变。

病原　埃希氏大肠杆菌。大肠杆菌是健康畜禽肠道中的常在菌，可分为致病性和非致病性两大类。大肠杆菌病是一种条件性疾病，在卫生条件差、饲养管理不良的情况下，很容易造成此病的发生。大肠杆菌对环境的抵抗力很强，附着在粪便、土壤、鸡舍的尘埃或孵化器的绒毛、碎蛋皮等的大肠杆菌能长期存活。

流行特点　各种年龄的鸡（包括肉用仔鸡）都可感染大肠杆菌病，发病率和死亡率受各种因素影响有所不同。不良的饲养管理、应激或并发其他病原感染都可成为大肠杆菌病的诱因。在雏鸡和青年鸡多呈急性败血症，而成年鸡多呈亚急性气囊炎和多发性浆膜炎。本病感染途径有经蛋传染、呼吸道传染和经口传染。

临床症状和病理变化

1. 大肠杆菌性败血症　6～10周龄的肉鸡多发，尤其在冬季发病率高，死淘率通常在5%～20%，严重的可达50%。雏鸡在夏季也较多发，病鸡精神不振，采食减少，衰弱和死亡。病鸡腹部膨满，排出黄绿色的稀便。特征性的病变是纤维素性心包炎，气囊混浊肥厚，有干酪样渗出物。肝包膜呈白色混浊，有纤维素性附着物，有时可见白色坏死斑。脾充血肿胀。

2. 死胚、初生雏卵黄囊感染和脐带炎　种蛋内的大肠杆菌来自种鸡卵巢和输卵管炎及蛋壳被粪便的污染。侵入种蛋内的大肠杆菌在孵化过程中进行增殖，致使孵化率降低，胚胎在孵化后期死亡，死胚增多。孵出的雏鸡体弱，卵黄吸收不良、脐带炎，排出白色、黄绿色或泥土样的稀便。腹部膨满，出生后2～3天死亡，一般6日龄过后死亡率降低下来。即使不死的鸡，也是发育迟滞。死胚和死亡雏鸡的卵黄膜变薄，呈黄泥水样或混有干酪样颗粒状物。脐部肿胀发炎。4日龄以后感染常见心包炎，其中急性死亡的病雏几乎见不到病变。

3. 卵黄性腹膜炎及输卵管炎　腹膜炎可由气囊炎发展而来，也可由慢性输卵管炎引起。发生输卵管炎时，输卵管变薄，管内充满恶臭干酪样物，阻塞输卵管使排出的卵落到腹腔而引起腹膜炎。

4. 出血性肠炎　埃希氏大肠杆菌正常只寄生在鸡的下部肠道中。但当发生饲养管理失调，卫生条件不良，各种应激因素存在，使鸡的抵抗力降低，大肠杆菌就会在上部肠

道寄生，从而引起肠炎。病鸡羽毛蓬乱，翅膀下垂，精神委顿，腹泻。雏鸡由于腹泻糊肛，容易与鸡白痢混淆。剖检病变，主要表现在肠道的上 1/3～1/2 肠黏膜充血、增厚，严重者血管破裂出血，形成出血性肠炎。

5. 其他器官受侵害的病变　大肠杆菌引起滑膜炎和关节炎，病鸡跛行或呈伏卧姿势，一个或多个腱鞘、关节发生肿大。发生大肠杆菌肉芽肿时，沿肠道和肝脏发生结节性肉芽肿，病变似结核。此外，大肠杆菌还可引起全眼球炎、脑炎等。

诊断　根据流行特点、临床症状和病理变化可做出初步诊断，要确诊此病须做细菌分离、致病性试验及血清学鉴定。继发性大肠杆菌病的诊断，必须在原发病的基础上分离出大肠杆菌。

预防　搞好环境卫生消毒工作，严格控制饲料、饮水的卫生和消毒，做好各种疫病的免疫。严格控制饲养密度过大，做好舍内通风换气，定期进行带鸡消毒工作。避免种蛋沾染粪便，凡是被粪便污染的种蛋一律不能作种蛋孵化，对种蛋和孵化过程严格消毒。

此外，定期对鸡群投喂微生态制剂对预防大肠杆菌病的发生有很好作用。

用本场分离的致病性大肠杆菌制成油乳剂灭活苗免疫本场鸡群，对预防大肠杆菌病有一定作用。需进行 2 次免疫，第一次为 4 周龄，第二次为 18 周龄。也可用于雏鸡的免疫。

治疗　大肠杆菌对多种抗生素、磺胺类都敏感。由于大肠杆菌容易对药物产生抗药性，最好进行药物敏感试验，选用敏感药物进行治疗，用药可参考禽沙门氏菌病的药物

防治。

三、鸡支原体病

对禽类有致病力的支原体有3种:鸡毒支原体(MG)、滑膜支原体(MS)和火鸡支原体(MM)。鸡毒支原体主要感染鸡、火鸡,也感染其他禽类,引起呼吸道疾病在鸡群中长期流行(称为慢性呼吸道病—CRD),母鸡产蛋下降,火鸡则表现为传染性鼻窦炎。因此,鸡毒支原体对家禽生产危害最大。滑膜支原体能引起鸡、火鸡和其他禽类的滑膜炎和上呼吸道感染。火鸡霉形体只引起火鸡呼吸道疾病。

病原 支原体是缺少细胞壁的微小原核微生物。支原体对外界环境的抵抗力不强,离体后迅速失去活力,一般消毒药均能迅速杀灭。对热的抵抗力弱,在20℃的鸡粪中存活1～3天,45℃ 1小时、50℃ 20分钟即可失去活力。在室温下可保存6天。

流行特点 本病可通过接触传染和经蛋传染,可通过带菌鸡的咳嗽、喷嚏的飞沫传染,也可通过支原体污染的饲料、饮水传播。病鸡所产的蛋含有病原体带菌蛋孵出的雏鸡带有支原体,可成为传染源。此外,还可以通过交配传染,此病在鸡群中传播时,可以不显症状或只呈现轻微的症状,须借助血清学试验才能检查出来。

单独感染支原体的鸡群,在正常的饲养管理条件下,常不表现症状,呈隐性经过。如果再感染了新城疫、传染性支气管炎或传染性鼻炎等病原体或接种了疫苗,就会诱发本病。鸡舍通风不良,过于密集饲养,突然改换饲料,卫生不良等都可使鸡体抵抗力降低,成为该病的诱发因素。本病一年四季均可发生,以寒冷季节多发。

临床症状 鸡毒支原体的潜伏期为4～21天。幼龄鸡患病时流鼻涕、咳嗽、窦炎、结膜炎及气囊炎，呼吸道罗音，生长停滞，单纯性感染本病死亡率低，并发感染的死亡率达30%。产蛋鸡感染多呈隐性经过，仅表现产蛋下降，孵化率下降。新孵出的雏鸡增重受阻。此病常与大肠杆菌合并感染，出现发热、下痢等症状。

滑膜支原体病初期出现跛行，喜卧地。病鸡冠苍白，生长停滞，飞节、翅关节及趾节肿大，重病鸡冠萎缩，紫红色。全身羽毛蓬乱，精神委顿，尚有食欲，但消瘦和脱水，粪便呈浅绿色，含有大量尿酸。死亡率一般低于10%。成年鸡感染后产蛋量几乎不受影响。

病理变化 鸡毒支原体病变主要表现眼、鼻道、气管、支气管及气囊的卡他性炎症。气囊壁增厚，气囊内常有黏液性或干酪样渗出物。大肠杆菌混合感染时，可见纤维性心包炎和肝周炎。还可观察到肺炎及输卵管炎。

滑膜支原体病鸡早期关节、腱鞘的滑膜内有黏稠、灰白色至黄色的渗出物。慢性病例渗出物为干酪样。肝脾肿大，肾肿大、苍白，呈斑驳状。

诊断 根据流行病学、临床症状和病理变化可以做出初步诊断。在临床上应注意和禽流感、传染性鼻炎、传染性支气管炎、传染性喉气管炎、黏膜型鸡痘以及维生素缺乏症等相区别。要确诊鸡群是否感染了支原体须做病原分离鉴定和血清学试验。

病原的分离鉴定需要一定条件才能进行。常用对鸡群的监测方法是快速血清平板凝集试验和血凝抑制试验。血清平板凝集试验快速、经济、敏感，鸡感染后7～10天就会出现阳性反应，其缺点是容易出现假阳性反应，常见于注射过油乳剂灭活苗的鸡群。因此对血清平板凝集试验阳性的

鸡应进一步用血凝抑制试验验证。血凝抑制试验特异性高，但敏感性低于血清平板凝集试验，鸡感染3周后才能被测为阳性。

防治措施

(1)鸡毒支原体对红霉素、土霉素、恩诺沙星等敏感，当发生病时，可选用这些药物治疗。有条件的可进行药物敏感试验。当并发其他病时，要注意对并发症的治疗才能取得好的效果。大群治疗时，可按每吨饲料添加土霉素200～500克，连续饲喂1周，预防量减半。也可用红霉素饮水，125毫克/升，连用3～5天。

(2)注意加强鸡舍环境卫生，经常清扫、消毒，注意鸡舍的通风换气，及时接种疫苗，预防其他呼吸道疾病的发生。避免应激的诱因，饲料营养全价，采用“全进全出”的饲养方式。

(3)疫苗接种。1～3日龄用敏感药物防止鸡群感染，15日龄用弱毒疫苗免疫，可使鸡群得到良好保护。种鸡群在弱毒苗免疫的基础上产蛋前注射油乳剂灭活苗，可以很大程度上减少经蛋传播。

(4)建立无支原体病的种鸡群。这是控制鸡支原体病最根本的措施。然而要实现这个目标，必须采取综合性防病净化措施。如种鸡和育雏育成鸡分开饲养，实行全场的“全进全出”的饲养方式，采取各种手段阻断经蛋传播，对种鸡群单独饲养，定期投药，严格消毒，定期检疫，而且要持之以恒，坚持不懈。

四、禽霍乱

禽霍乱(禽巴氏杆菌病)是一种接触性传染病，危害多

种家禽、野禽。其特征表现为急性败血过程，发病率和死亡率都很高。低毒感染或急性发病之后，可出现慢性的、局部性的疾病。这是一种目前尚无很好防治办法而又造成重大经济损失的禽类疾病。

病原 本病的病原是多杀性巴氏杆菌，为革兰氏阴性菌，组织或血液涂片瑞氏染色，菌体呈两极着色。巴氏杆菌对消毒药的抵抗力不强，在5%生石灰、1%漂白粉、50%酒精、0.02%升汞溶液内1分钟即可杀死。本菌对热的抵抗力不强，60℃经10分钟即死亡。在日光直射下，薄涂片的病菌可很快死亡。在腐败尸体中可存活3个月，对各种实验动物，如小白鼠、家兔、豚鼠等均可致死。

流行特点 禽霍乱侵害所有的家禽及野禽。鸡、鸭最易感，鹅的感受性较差。本病的发生有时是由外地传入，有时可自然发生。外购病禽或处在潜伏期的家禽都可带入本病。禽霍乱的病原体在自然界分布很广，是一种条件性病原菌，在健康禽体的呼吸道中就有该菌，但不发病。当饲养管理不当，天气突然变化，营养不良，机体抵抗力减弱和细菌毒力增强时即可发病。特别是当有新鸡转入带菌的鸡群，或者将带菌鸡调入其他鸡群时，更容易引起发病流行。本病常发生于成鸡，雏鸡也有发生。发病季节性不明显，但以夏末秋初为最多。在潮湿地区也容易发生。

主要通过呼吸道及皮肤创伤传染。病鸡的尸体、粪便、分泌物和被污染的运动场、土壤、饲料、饮水、用具等是传染的主要来源。维生素缺乏症、蛋白质及矿物质饲料缺乏，感冒等皆可成为发生本病的诱因。昆虫也可能成为传染的媒介。

临床症状 自然病例潜伏期一般为2～9天。由于病原体的毒力和鸡体的抵抗力不同，禽霍乱的临床症状也表现

不同。

(1)最急性型。几乎完全看不到症状,突然死在鸡窝内或栖架下。肥胖的鸡多发。

(2)急性型。表现精神不振,羽毛蓬乱,缩颈闭眼,弓背,头藏于翅下,食欲减退或废绝。由于身体发热,饮水增加,呼吸困难,口鼻流出黏液,死前可见头、冠、肉垂发绀。病鸡常有腹泻,排出白色水样或绿色黏液,伴恶臭粪便。产蛋量明显下降,种蛋的受精率和孵化率明显降低。病程较短,一般几小时或数日死亡。急性型经过存活下来的病鸡转为慢性感染或康复。

(3)慢性型。病鸡逐渐消瘦,精神委顿,贫血。冠、髯苍白色,水肿变硬。关节炎常局限于腿或翼关节和腱鞘处,关节肿胀跛行,切开见有脓性干酪样物。少数病例发生歪颈或鼻窦肿大等症状。产蛋鸡常发生坠卵性腹膜炎。

剖检变化 病理变化因病程的不同而有所差异。

(1)最急性型。死亡病鸡可能看不到什么病变。

(2)急性型。主要病理变化是出血和坏死。全身性充血和出血,十二指肠尤为明显。心冠脂肪、心外膜、腺胃、肌胃、腺胃和肌胃的交界处,有出血点和出血斑。十二指肠、盲肠、直肠黏膜肿胀,弥漫性充血和出血,并覆盖一层较厚的黄色纤维样的物质,以十二指肠最为严重,浆膜下出血。心包液、腹腔液体增加。肝脏肿胀、充血,呈深紫色或黄红色,有大量散在的针尖大或小米粒大的黄色坏死点。肝脏实质变硬,呈熟肝样。肺脏瘀血、水肿或出血。脾脏偶见肿胀和灰白色坏死点。

(3)慢性型。其特征为局限性感染,病变也有差异。当呼吸道症状为主时,可见鼻腔、气管呈卡他性炎,肺脏硬变。有的表现肉髯水肿,而后为坏死。有的足与翅部关节肿大、

变形，有炎性渗出或干酪样坏死。还有的病例，卵巢出血，卵黄囊破裂，腹腔脏器表面上附着干酪样的卵黄物质。

病鸭的病理剖检变化基本上与上述鸡的相似。心包内积水，有黄橙色透明的渗出物，遇空气易凝结呈胶状；心内外膜出血，心冠状脂肪出血，偶见水肿及坏死。肺脏呈现肺炎、气肿和充血、出血。肝肿大，脂肪变性，点状出血及小点坏死。脾脏肿大、充血，有的有小点坏死。腹腔积水。腺胃黏膜出血、充血，肌胃黏膜充血，偶见有溃疡。小肠卡他性出血性肠炎，以小肠前段最为严重。舌根部黏膜表层溃疡。盲肠黏膜有小溃疡。卵黄膜充血，卵黄破裂，患腹膜炎。

诊断 根据病史、临床症状和病理变化怀疑禽霍乱时，可用肝脏或心血做涂片，分别进行革兰氏或瑞氏染色，镜检。当发现有大量的两极染色的革兰氏阴性小杆菌时，可做出初步诊断。最后确诊必须进行病原分离培养、鉴定和动物接种试验。

预防 养禽场应建立必要的饲养管理和卫生防疫制度，引种时要进行严格检疫，防止本病的传入。在发病地区应定期进行预防注射，并采取综合防疫措施，以防止本病的发生和流行。发现本病时，应及时采取封锁、隔离、治疗、消毒等有效的防治措施，尽快扑灭疫情。

治疗

(1)青霉素。每只鸡胸部肌肉注射 5 万～10 万国际单位，每日 2 次，连用 2～3 天。大群治疗时可用其青霉素饮水，每只每日 0.5 万～1 万国际单位，最好在 1～2 小时内饮完。

(2)复方磺胺嘧啶。混饲浓度为 0.17～0.2 毫克/千克体重，连用 5 天。

(3)盐酸土霉素。混饮 53～211 毫克/升，连用 7 天。

(4)喹乙醇。可按每千克体重 20～30 毫克口服，每日 1

次，连用3～5天。如再需一个疗程，要停药3～5天。此外，在饲料中添加0.04%喹乙醇有一定预防作用。

在使用磺胺药物时一定要注意混匀，防止发生药物中毒。产蛋鸡不要用，因能引起产蛋下降。

五、鸡传染性鼻炎

鸡传染性鼻炎是一种由细菌引起的急性或亚急性的上呼吸道疾病，其特征是眼结膜和鼻黏膜发炎、流泪、流鼻涕、打喷嚏，脸部水肿和眶下窦肿胀。有时伴有下部呼吸道（气管和气囊）的炎症。

病原 本病的病原是鸡副嗜血杆菌，为革兰氏阴性、两端钝圆的小杆菌。该菌脆弱，抵抗力不强，在宿主体内能存活4～5小时。病鸡分泌物的病菌在流水中不超过4小时即死亡。但在低温条件下可以存活10年以上。

流行特点

（1）本病主要感染鸡，也感染珍珠鸡，不感染火鸡。虽然各种年龄的鸡均可感染，但多发生于中年鸡和成年鸡。较老的鸡潜伏期短而病程长。

（2）本病主要发生在寒冷潮湿的秋季和冬季。气候突然改变，鸡群密度过大，通风不良，氨气浓度过高，可促使本病的暴发。

（3）本病的主要传染方式是健康鸡吸入病鸡咯出的飞沫，吃了被病鸡的眼、鼻分泌物污染的饲料和饮水，接触污染的用具和设备而感染本病。

（4）虽然本病的死亡率不太高，但发病率很高，可使育成鸡生长停滞，产蛋鸡的产蛋率显著下降。

（5）虽然鸡副嗜血杆菌在鸡体外很快死亡，但康复的鸡

常常成为带菌者。因此，慢性病鸡和表面健康的带菌鸡是本病病原的主要贮存宿主，成为本病的传染源。

临床症状 本病人工感染潜伏期为18～36小时。自然感染潜伏期为1～3天。往往鸡群突然发病，发病率很高，一般死亡率不高，如果并发其他疾病死亡率可达20%～50%。

本病症状的明显特点是鼻腔和窦内有浆液性或黏液性的分泌物，面部水肿和结膜炎。最轻的病例，病鸡表现的惟一的症状是鼻中流出稀的分泌物，没有全身反应。严重的病例，病鸡精神沉郁，羽毛蓬乱，蜷伏不动，食欲减少或废绝。鼻中流出黏液性分泌物，具有难闻的臭味，并在鼻孔周围形成淡黄干痂。为了排除这些分泌物，病鸡不断地甩头，打喷嚏。面部水肿可蔓延到肉垂，尤其公鸡明显。结膜发炎，眼睑肿胀，严重时眼睑被分泌物粘连不能睁开，甚至失明。眶下窦肿胀，窦腔和结膜囊内有大量渗出物。开始为浆液性，以后变为黏液性和脓性。病程拖长变为干酪样。

由于不能吃食和饮水，雏鸡生长停滞，雏鸡和育成鸡的淘汰率显著增加。产蛋鸡产蛋率急剧下降，一般下降10%～40%，严重时停止产蛋，即使恢复，也不能恢复到原有的产蛋水平。

如果下部呼吸道感染，则出现呼吸困难，发出咯咯声和湿性罗音。还可能有腹泻，排出绿色稀便。

每次暴发的病情严重程度和病程长短差异很大，短的几周，长则几个月。这主要取决于鸡舍的条件，鸡体健康状况和有无并发病。鸡舍寒冷、潮湿、通风不良、营养缺乏以及并发寄生虫病和其他传染病可使病情加重，死亡率增高，病程拖长。多数病鸡可以恢复，成为带菌者，少数发生鸡副嗜血杆菌性脑膜炎，呈现种种神经症状而死亡。

剖检变化 鼻腔和窦腔可见急性卡他性炎症，黏膜充血、发红、肿胀，鼻腔内有大量黏液和炎性渗出物的凝块。一侧或两侧眶下窦肿胀，窦腔内充满浆液性、黏液性、脓性或干酪样渗出物，结膜发炎、肿胀，眼睑粘连，结膜囊内积有干酪样的渗出物。严重者眼睛失明，脸部和肉垂皮下组织水肿。有并发症时，可见到气管炎、肺炎或气囊炎。

诊断 根据典型的病史、临床症状和病理变化，同时又无其他的呼吸道病的存在，可首先怀疑本病。

将渗出物抹片进行革兰氏染色，镜检，如果发现革兰氏阴性两极着色的球杆菌，有的呈丝状或多形态的小杆菌，可进一步怀疑本病。

确诊本病必须进行细菌的分离培养、鉴定，血清学试验和动物接种试验。

预防

1. 加强饲养管理 这对预防传染性鼻炎很重要。鸡舍应当通风良好，鸡群不能过分拥挤，防止寒冷和潮湿，降低鸡舍内氨气浓度。多喂些维生素A含量高的饲料。病愈康复鸡常常成为带菌者，应该与健康鸡隔离饲养或者淘汰，绝对不能留做种用。鸡舍腾空后，应进行彻底清洗消毒，空舍2周后方可再放入新鸡饲养。

2. 预防接种 使用传染性鼻炎油佐剂灭活苗，对预防本病的发生有一定作用。30～40日龄进行首免，每只鸡注射0.3毫升；18～20周龄第二次免疫，每只鸡注射0.5毫升。疫区鸡群在免疫时要使用5～7天抗生素，以防带菌鸡发病。

治疗 鸡群一旦发病要采取积极的治疗措施。治疗上首选磺胺类药物和抗生素。当鸡群食欲尚好时，可投服易吸收的磺胺类药物或抗生素。如在饲料中添加复方磺胺嘧啶，

浓度为(0.17～0.2)克/千克体重,连用10天。当采食明显减少时,应采取药物注射治疗,可用链霉素(成鸡每只15万～20万国际单位)、庆大霉素(每只鸡2 000～3 000国际单位)等,连用3天。同时要注意对继发症的防治。在治疗的同时,要改善饲养管理,采取带鸡消毒和饮水消毒,减少本病的传播。

六、鸡葡萄球菌病

葡萄球菌病是侵害家禽、哺乳动物和人的一种急性或慢性细菌性疾病。其特征是腱鞘、关节和滑液囊局部化脓、创伤感染、败血症、脐炎和细菌性心内膜炎。

病原 本病的病原体是金黄色葡萄球菌。本菌对外界环境的抵抗力较强,在脓汁或血液中,可生存2～3个月,对许多消毒药有抵抗力。

流行特点

(1)金黄色葡萄球菌可侵害各种禽,尤其是鸡和火鸡。任何年龄的鸡,甚至鸡胚都可感染。虽然4～6周龄的雏鸡极其敏感,但实际上发生在40～60日龄的中雏最多。

(2)金黄色葡萄球菌广泛分布在自然界的土壤、空气、水、饲料、物体表面以及鸡的羽毛、皮肤、黏膜、肠道和粪便中。

(3)季节和品种对本病的发生无明显影响,平养和笼养都有发生,但以笼养为多。

(4)本病的主要传染途径是皮肤和黏膜的创伤,但也可通过直接接触和空气传播,雏鸡通过脐带也是常见的途径。

临床症状 本病可以急性或慢性发作,这取决于侵入鸡体血液中的细菌数量、毒力和卫生状况。

1. 急性败血症型　葡萄球菌败血症，常常继发于硒缺乏、渗出性素质、再生障碍性贫血、坏疽性皮炎、出血性疾病和药物中毒之后或与这些病同时发生。

病鸡精神沉郁，呆立，不愿活动，两翅下垂、缩颈、眼半闭呈嗜眠状态，羽毛蓬乱、无光泽，食欲减退或废绝，部分鸡下痢，粪便呈水样，灰白色或黄绿色。

特征性的症状是：胸腹部、大腿内侧皮下水肿，有数量不等的血样渗出液，外观呈紫色或紫黑色，触摸有波动感，局部羽毛极易脱落。皮肤破溃后流出褐色或紫红色的液体，使周围羽毛又湿又脏。部分鸡的翅膀背侧及腹面、翅尖、尾部、头、脸、肉垂、背及腿部等部位出现大小不等的出血斑。局部发炎，坏死或干燥结痂(呈暗紫色)。急性败血症的病鸡多在2～5天内死亡，最急性者可在1～2天内死亡。平均死亡率为5%～10%，多数死亡率少于5%，少数急性暴发的病例死亡率可高达60%。

2. 慢性关节炎型　多个关节发生炎性肿胀，趾关节较为多见，局部紫红色或紫黑色，破溃后形成黑色的痂皮，有的出现趾瘤。脚垫刺伤引起的肿胀，发生跛行，不能站立，伏卧在水槽或食槽附近，仍能采食和饮水，但因采食困难，逐渐消瘦，最后衰竭死亡。

3. 脐炎型　病雏腹部膨大，脐孔发炎肿胀、潮湿，局部呈黄色或紫黑色，触之质硬。患脐炎的病雏，一般在出壳的2～5天内死亡。

4. 眼型和肺型　病程长的病鸡，可出现眼型的症状。头肿大，眼睑肿胀，有脓性分泌物。病久则眼球下陷、失明。肺型葡萄球菌病以肺部瘀血、水肿和肺实质变化为特征。

剖检变化

1. 急性败血症型　病死鸡的胸部、前腹部的羽毛脱

落，皮肤呈紫黑色，水肿。皮下充血，积有大量粉红色或黄红色胶胨样渗出物。肝脏肿大，呈紫红色或花斑样的颜色，有出血点及白色坏死点。脾脏肿大，有坏死点。心包腔内有黄色混浊的渗出物。肠炎，肠内容物呈水样。

2．慢性关节炎型　关节和滑膜发炎，关节肿大，滑膜增厚，关节内有浆液性、黏液性或纤维性渗出物。病程较长的慢性病例，则渗出物变为干酪样，关节周围组织增生，关节畸形。

3．脐炎型　脐部发炎、肿胀，呈紫红色或紫黑色，有暗红色或黄色的渗出液。时间稍久则呈脓性或干酪样渗出物。卵黄吸收不良，呈污黄色、污红色或黑色，内容物稀薄、黏稠，豆腐渣状。肝肿大，有出血点。胆囊肿大。

4．胚胎感染　死亡鸡胚的头部皮下水肿，胶胨样浸润，呈黄色或粉红色。头部及胸部皮下水肿出血。卵黄囊壁充血或出血，内容物稀薄，混有血丝，呈淡黄色，脐部发炎，肝脏有出血点。胸腔内积有暗红色混浊液体。

诊断　根据发病特点、临床症状和病理变化等情况可以做出初步诊断。进一步确诊须取病料做细菌的分离培养和鉴定。为确定病原体的致病性，需进行动物试验。

预防

(1)避免鸡只发生外伤。鸡舍内的设备安装要安全、合理，不能有任何尖锐的物体。对鸡进行断喙、剪趾、免疫接种时要细心，做好消毒工作。

(2)做好消毒工作，保持鸡舍、用具及周围环境的清洁卫生。定期用0.3%过氧乙酸进行鸡舍的带鸡喷雾消毒，可以减少环境中的含菌量，从而减少感染机会，防止本病的发生。

(3)加强饲养管理，适时通风，保持鸡舍干燥，适时断喙，光照合理，防止相互啄羽，鸡群密度不宜过大。

(4)坚持做好种蛋的消毒、孵化用具和孵化过程中的消毒工作，以减少胚胎感染和雏鸡发病。

治疗 葡萄球菌病一旦发生后，应立即进行确诊，然后根据药敏试验结果选用敏感药物进行治疗。从京津地区164株金黄色葡萄球菌的药敏试验结果分析，庆大霉素、卡那霉素为首选药物。

七、禽曲霉菌病

真菌可分为形成菌丝的丝状菌和不形成菌丝的酵母样真菌。曲霉菌是一种有菌丝形成的真菌，分布相当普遍广泛，各种环境中都可发现。曲霉菌中有几种能引起畜禽各种疾病，称为曲霉菌病。

根据发病部位不同，分别称做肺曲霉菌病、眼曲霉病、脑曲霉菌病、皮肤曲霉菌病。

病原 一般常见而且致病性最强的为烟曲霉菌。其孢子在自然界分布较广，常污染垫草及饲料。此外，在混合感染的病例中，还有黄曲霉、黑曲霉、土曲霉和青霉菌等。

烟曲霉菌生长能力很强，接种后24～30小时可产生孢子。对理化作用的抵抗力也很强，在灭菌的小米粒上，置于实验室条件下，长达4年仍保持致病力。120℃干热1小时或在100℃沸水中煮5分钟，才能使其失掉发芽能力。

对一般消毒药抵抗力较强，仅能致弱不能使其杀死。2%甲醛10分钟、3%石炭酸1小时、3%苛性钠3小时，方可使之致弱。

流行特点 本病多发生在1周龄以内，尤其是在1～4日龄的雏鸡，所以有人称此病为育雏肺炎。呈现急性流行过程，死亡率高达50%，慢性时死亡率不高。成年家禽患病者很少，而且主要是慢性型。

本病的发生，几乎都与生长霉菌的环境有关系，一旦感染，则会有大批病禽发生。常因饲料或垫料被曲霉菌污染，加之鸡群密度过大，通风不良而诱发雏鸡发病。初生雏鸡的感染，是由于在孵化过程中污染了霉菌造成的。

临床症状 一般病雏呼吸困难，呼吸次数增加，但不伴有罗音。此外，口渴，下痢，食欲不振，嗜眠，进行性消瘦。常呆立或卧在角落处，伸颈张口喘气。最终由于衰竭和痉挛而死亡。

如果病原体侵害眼球，可使眼球发生灰白色混浊，角膜溃疡等病变；如果脑部受到侵害，则出现斜颈、步行困难等神经症状；脊髓受到侵害时，则出现麻痹症状。

成年鸡患病时，产蛋持续下降10%～20%，有时出现跛行。

病理变化 患肺曲霉菌病时，在肺、气囊、支气管和气管出现病灶，其他脏器也可能出现病变。肺组织有散在黄白色小米粒至豆大的结节，其内部呈黄白色干酪样。1～5日龄的雏鸡，呈急性经过，见不到结节，只见有瘀血。气囊壁肥厚，有散在结节，有的成为大的丘状隆起或黄白色圆盘状，表面稍有凹陷或同心圆状。圆盘状结节还可见于肝、脾、肾、卵巢的表面。圆盘状结节表面，有时可见到带蓝色的菌丝附着。组织学检查，可见有菌丝。在气囊内，经常可见到曲霉菌的顶囊、孢子梗、孢子。

诊断 在1～4日龄的雏鸡出现上述症状和急性死亡时，支气管发现栓塞和肺瘀血、结节，可怀疑本病。如出现圆盘状结节并附有菌丝，将其与乳酸酚（结晶石炭酸20毫升、乳酸20毫升、甘油40毫升、水20毫升）1滴混合后镜检，如发现有顶囊、孢子梗、孢子等，则可判定为曲霉菌病。然而要确定曲霉菌的种类，必须通过培养鉴定。

预防措施

(1)加强饲养管理，搞好环境卫生，注意鸡舍内通风换气，防止潮湿和积水。

(2)不用发霉饲料，严禁饲喂霉败饲料。

(3)防止孵化器受霉菌污染。

(4)如发现禽舍已被霉菌污染，须及时隔离病雏，清除垫草。然后铲取地面一层土后，用20%石灰乳彻底消毒，更换新垫料，并在饲料中加0.1%硫酸铜溶液。

治疗 对病鸡可试用碘化钾口服治疗，每升饮水中加碘化钾5～10克，具有一定疗效。

制霉菌素对本病有一定疗效，其用量，成鸡15～20毫克，雏鸡3～5毫克，混于饲料喂服3～5天。

每天给家禽1∶(2 000～3 000)的硫酸铜溶液代替饮水，连饮2～3天，有治疗作用。也可在饲料中加喂大蒜，每只5克，每天2次，连喂2～3天。

第十一章 寄生虫病的防治

一、鸡球虫病

鸡球虫病对雏鸡和育成鸡的危害十分严重，15～50日龄的雏鸡发生率高，死亡率可达80%以上。耐过的雏鸡生长缓慢，发育不良。成鸡多为带虫者，增重和产蛋受到一定影响。

病原 病原为艾美耳球虫，我国已报道的有7种，即柔嫩艾美耳球虫、毒害艾美耳球虫、堆型艾美耳球虫、巨型艾美耳球虫、哈氏艾美耳球虫、和缓艾美耳球虫和早熟艾美耳球虫。前两种的致病力较强，其余的几种依次减弱。

柔嫩艾美耳球虫寄生在盲肠黏膜内，称盲肠球虫。毒害艾美耳球虫寄生在小肠段黏膜内，称小肠球虫。球虫卵的形态呈卵圆形、圆形或椭圆形。

鸡球虫的发育要经过3个阶段：无性生殖和有性生殖阶段是在肠黏膜上皮细胞内进行的，孢子生殖阶段是在体外形成孢子囊和孢子，而成为感染性球虫卵。

鸡球虫的感染过程是：从粪便排出的卵囊，在适合的温度和湿度下，经1～2天发育成感染性卵囊。这种卵囊被鸡吃了以后，子孢子游离出来，钻入肠上皮细胞内发育成裂殖子（无性生殖）、配子、合子（有性生殖）。合子周围形成一层被膜，被排出体外。鸡球虫在肠上皮细胞内不断进行有性和无性生殖，使上皮细胞遭受到严重破坏，引起发病。

流行特点　球虫的宿主有特异性，即侵袭鸡的球虫不会侵袭火鸡等其他禽，而感染其他家禽的球虫不会感染鸡。各种品种的鸡均有易感性，一日龄雏鸡本病也敏感，但有母源抗体保护，所以10日龄以内很少发病。15～50日龄发病率和死亡率都很高，成年鸡对球虫也是很敏感的。

球虫的卵囊抵抗力非常强，在土壤中可以保持生活期达4～9个月，在有树荫运动场上，可达15～18个月。当气温在22～30℃时一般只需要18～26小时，就可能成为感染性卵囊。卵囊对高温和干燥的抵抗力较弱。

病鸡是主要传染源。凡被带虫鸡污染过的饲料、饮水、土壤或用具等，都有卵存在。鸡感染球虫的途径主要是吃了感染性卵囊。人及其衣服、用具等可以成为机械性传播该病。苍蝇、甲虫、蟑螂、鼠类和野鸟都可成为机械传播媒介。

当有带虫鸡(传染源)并有传染性卵囊时，就会暴发球虫病。发病时间与气温、雨量有密切关系，通常在温暖的月份流行。室内温度高达30～32℃、湿度80%～90%时，最易发病。

外界环境和饲养管理对球虫病的发生有重大关系，天气潮湿多雨，雏鸡过于拥挤，运动场积水，饲料中缺乏维生素A、维生素K以及日粮配备不当等，都是本病流行的诱因。

临床症状

1. 急性型　病程多为2～3周，多见于雏鸡。发病初期精神沉郁，羽毛蓬乱，不爱活动。食欲废绝，鸡冠及可视黏膜苍白。逐渐消瘦。排水样稀便，并带有少量血液。若是盲肠球虫，则粪便呈棕红色，以后变成血便。雏鸡死亡率高达到100%。

2. 慢性型　多见于2～4个月龄的雏鸡或成鸡。症状

类似急性型，但不大明显，病程也较长，拖至数周或数月。病鸡逐渐消瘦，产蛋减少，间歇性下痢，但较少死亡。

病理变化 死鸡消瘦，黏膜和鸡冠苍白或发青。泄殖腔周围羽毛被粪便污染，往往带有血液。内脏的主要变化在肠管，而肠管病变的部位和程度与病原种类有关。

柔嫩艾美耳球虫主要侵害盲肠，急性型时两根盲肠显著肿大，是正常的3～5倍，肠内充满凝固的或新鲜的暗红色血液，肠上皮变厚并有糜烂。直肠黏膜可见有出血斑。毒害艾美耳球虫损害小肠中段，这部分肠管扩张、肥厚、变粗，有严重的坏死，肠管中有凝固血块，使小肠在外观上呈淡红色或黄色。巨型艾美耳球虫主要侵害小肠中段，肠管扩张，肠壁肥厚，内容物黏稠，呈淡灰色、淡褐色或淡红色，有时混有很少的血块。堆型艾美耳球虫多在上皮表层发育，而且同期发育阶段的虫体常聚集在一起。因此，被损害的十二指肠和小肠前段出现大量淡灰色斑点，排列成横行，外观呈阶梯样。哈氏艾美耳球虫主要损害十二指肠和小肠前段，特征变化是肠壁上出现针头大的红色圆形出血点。

诊断 本病多发生在温暖季节，以3周龄及1.5个月龄的雏禽易感染，发病率和死亡率都高。病雏衰弱和消瘦，鸡冠和黏膜苍白，泄殖腔周围羽毛被粪便所粘连。运动失调，翅膀下垂，排出血便。剖检时可见盲肠和小肠有病变。根据这些特点，即可怀疑为球虫病。

最后确诊，要检查出虫卵。检查方法是：取少量病鸡肠病变黏液，放在清洁的载玻片上，滴上生理盐水混匀，盖上盖片，镜检。

预防

(1)鸡舍要保持清洁干燥，通风良好，及时清除粪便及潮湿的垫料。

(2)饲槽、饮水器、用具和栖架，要经常洗刷和消毒，减少感染机会。

(3)饲料中应保持有足够的维生素A和维生素K，以增强抵抗力，降低发病率。

药物预防和治疗

1. 盐酸氨丙啉　预防量为每千克饲料添加40～250毫克，连喂7日，以后将浓度减半，再用14日。治疗量时混饮：48克/升水，连用5～10天。

2. 盐酸氯苯胍　每吨饲料拌入35克，混匀，连喂1～2个月。

3. 妥曲珠利　治疗时混饮：7毫克/千克体重，连用2天。

4. 盐霉素　按0.007%混入饲料，预防从15日龄开始，连续投药30～45天。

二、鸡卡氏白细胞原虫病

鸡住白细胞原虫病是血孢子虫亚目的住白细胞原虫引起的急性或慢性血孢子虫病。本病在我国许多地方都有发生，特别是南方地区较普遍，常呈地方性流行，对雏鸡危害严重，常引起大批死亡。

病原　鸡住白细胞原虫分为卡氏白细胞原虫、沙氏白细胞原虫和休氏白细胞原虫3种，我国已发现了前2种。卡氏白细胞原虫是毒力最强、危害最严重的一种。住白细胞原虫寄生于鸡的红细胞、白细胞等组织细胞中。卡氏白细胞原虫的发育需要库蠓参加，发育可分为裂殖发育、配子发育和孢子发育3个阶段。第一、第二阶段的大部分是在鸡体内完成的；第二阶段的一部分及第三阶段是在库蠓体内进行的。

当库蠓叮咬鸡时，将含有成熟孢子的卵囊输入鸡体内。子孢子从卵囊中逃逸出后，首先寄生于血管内皮细胞中，发育为裂殖体，每个子孢子至少形成十几个裂殖体。内皮细胞被破坏，释放出的裂殖体转移到肾、肝、肺及其他器官中寄生。裂殖体在上述器官内继续发育成熟，裂殖体破裂，释放出许多球形的裂殖子。这些裂殖子可以再进入肝实质细胞形成肝裂殖体，或被巨噬细胞吞食，从而发育为巨型裂殖体；或进入红细胞、白细胞，开始配子体发育。肝裂殖体和巨型裂殖体可重复2～3代，形成的裂殖子再进入配子发育。裂殖子进入红细胞、白细胞发育，最后形成大、小配子体被库蠓带入胃中，迅速在胃壁发育形成大、小配子，结合形成合子，逐渐长大成为卵合子，继而形成卵囊。成熟的卵囊内含有许多孢子，聚集在库蠓的唾液腺内。库蠓吸血时，便可传染给鸡。

流行特点 本病的发生有明显的季节性，北京地区一般发生在7－9月份，华南地区多发生在4－10月份。本病多发生于雏鸡，1月龄左右的雏鸡发病严重，死亡率高，母鸡感染后，个别发生死亡，多数耐过后，鸡只消瘦，产蛋率下降，甚至停产。

临床症状 病鸡表现精神不振、食欲减退，羽毛蓬乱，拉黄绿色的粪便或血便。病鸡鸡冠苍白，脚软或轻瘫。急性病例发生咯血，呼吸困难倒地挣扎而死。母鸡的症状较轻微，产蛋减少或停止，时间可拖至一个多月。

病理变化 病死鸡剖检的显著特征是：口流鲜血，冠白，全身性出血，肌肉及某些内脏器官有白色小结节，骨髓变黄。全身性出血包括皮下出血，胸肌和腿肌有出血点或出血斑。各内脏器官广泛出血，特别多见于肺和肾，严重的可见两侧肺充满血液，肾包膜下有大片血块。心、脾、胰及胸腺也见有出血点，腭裂常被血样黏液充塞。有时气管、胸腔、嗉囊、腺胃、肌胃及肠道也见有出血斑点。胸肌、腿肌等浅部及深部肌肉，以及肝、肺、脾等脏器常见到白色小结节，结节为针尖大或粟粒大，与周围组织有明显的界限。

诊断 根据发生季节、症状和病理变化可初步做出诊断。确切诊断需做实验室检查。

(1)用病鸡的血液和脏器(如肝脏)制成涂片，经瑞氏或姬姆萨染色，显微镜检查，可见到一些血细胞内含有住白细胞原虫的配子体，这些细胞往往显著增大形状改变。

(2)肝、脑组织的病理切片常可发现巨型裂殖体或小的裂殖体。

防治

1. 消灭媒介昆虫 在本病流行季节，可用0.1%除虫菊素喷洒，杀灭库蠓。

2. 药物防治

(1)磺胺-6-甲氧嘧啶：混饲量为0.1%，连喂4～5天。

(2)磺胺-2-甲氧嘧啶：预防量为25～75毫克/千克，混于饲料。治疗量为0.05%浓度的水溶液，饮用2天，然后改用0.03%的浓度，再饮用2天。

三、组织滴虫病(黑头病)

组织滴虫病是鸡和火鸡的一种原虫病，也发生于野雉、孔雀和鹌鹑等鸟类。本病以肝的坏死和盲肠溃疡为特征，也称传染性肝炎或黑头病。

病原 组织滴虫病的病原是组织滴虫，它是一种很小的原虫。该原虫有两种形式：一种是组织型原虫，寄生在细胞里，虫体呈圆形或卵圆形，没有鞭毛，大小为6～20微米；另一种是肠腔型原虫，寄生在盲肠腔的内容物中，虫体呈阿

米巴状，直径为5～30微米，有一根鞭毛，在显微镜下可以看到鞭毛的运动。随病鸡粪排出的虫体，在外界环境中能生存很久，鸡食入虫体便可感染。但主要的传染方式是通过寄生在盲肠的异刺线虫的卵而传播的。当异刺线虫在病鸡体内寄生时，其虫卵内可带上组织滴虫。异刺线虫卵中约有0.5%带有这种组织滴虫。这些虫在线虫卵的保护下，随粪便排出体外，在外界环境中能生存2～3年。当外界环境条件适宜时，则发育为感染性虫卵。鸡吞食了这样的虫卵后，卵壳被消化，线虫的幼虫和组织滴虫一起被释放出来，共同移行至盲肠部位繁殖，进入血流。线虫幼虫对盲肠黏膜的机械性刺激，促进盲肠肝炎的发生。组织滴虫钻入肠壁繁殖，进入血流，寄生于肝脏。

流行特点 组织滴虫病最易发生于2周至三四月龄以内的雏鸡和育成鸡，特别是雏火鸡易感性最强，病情严重，死亡率最高。本病也见于肉用仔鸡和许多被捕获的野鸟。成年火鸡也可感染，但呈隐性感染，成为带虫者，有的慢性散发，对同场饲养的火鸡危害最大。

临床症状 本病的潜伏期一般为15～20天。病火鸡精神委顿，食欲不振，缩头，羽毛蓬乱。头皮常呈紫蓝色或黑色，所以叫黑头病。病情发展下去，患病火鸡精神沉郁，单个呆立在角落处，站立时双翼下垂，眼闭，头缩进躯体，卷入翅膀下，行走如踩高跷步态。

病程通常有两种：一种是最急性病例，常见粪便带血或完全血便；另一种是慢性病例，患病火鸡排淡黄色或淡绿色粪便，这种情况鸡很少见。较大的火鸡慢性病例一般表现消瘦，火鸡体重减轻，鸡很少呈现临床症状。

感染组织滴虫后，引起白细胞总数增加，主要是异嗜性细胞增多，但在恢复期单核细胞和嗜酸性白细胞显著增加。

淋巴细胞、嗜碱性白细胞和红死亡总数不变。

病理变化 组织滴虫病的损害常限于盲肠和肝脏。盲肠的一侧或两侧发炎、坏死,肠壁增厚或形成溃疡,有时盲肠穿孔,引起腹膜炎。盲肠表面覆盖有黄色或黄灰绿色渗出物,并有特殊恶臭。有时这种黄灰绿色干酪样物充塞盲肠腔,呈多层的栓子样。外观呈明显的肿胀和混杂有红灰黄等颜色。肝出现颜色各异、不整、圆形稍有凹陷的溃疡病灶。通常呈黄灰色,或是淡绿色。溃疡灶的大小不等,一般为1～2厘米的环形病灶,也可能相互融合成大片的溃疡区。

经过治疗或发病早期的雏火鸡,可能不表现典型病变。大多数感染鸡群通常只有剖检足够数量的病死禽只,才能发现典型病理变化。

诊断 本病根据以下特征不难诊断:一是鸡常排出淡黄色或淡绿色粪便。取病鸡粪便做显微镜检查,在粪便中发现虫体。二是通过剖检病鸡发现典型病变。三是将病变边缘刮落物做涂片,或在肝病变组织切片中,镜下可发现虫体。

预防 由于组织滴虫的主要传播方式是以盲肠体内的异刺线虫虫卵为媒介,所以有效的预防措施是排除蠕虫卵,减少虫卵的数量,以降低这种病的传播感染。因此,在进鸡和火鸡以前,必须清除禽舍杂物并用水冲洗干净,然后严格消毒。火鸡饲养场内,禁止同时养鸡,以防止寄生在鸡体内大量的组织滴虫感染火鸡。严格做好禽群的卫生管理,饲养用具不得乱用,饲养人员不能串舍,免得互相传播疾病。及时检修供水器,定时移动饲料槽和饮水器的位置,以减少局部地区湿度过大和粪便堆积。

用驱虫净定期驱除异刺线虫,用药量每千克体重40～50毫克。

治疗 常用以下药物进行治疗：

(1)4-硝基苯砷酸:混料饲喂,预防量为187.5毫克/千克,治疗量为400～800毫克/千克。

(2)甲硝哒唑(灭滴灵):治疗按400毫克/千克混于饲料,每日3次,连用5天。

第十二章　营养代谢病及中毒性疾病防治

一、硒缺乏症

临床症状

(1)雏鸡。本病的特点是发病突然，病程短，病鸡多在1～2天内死亡。本病多发生在1～4月龄的雏鸡和育成鸡。特征是出现渗出性素质。此时微血管通透性增强，皮下水肿，以腹部和腿部明显，呈蓝绿色。病情严重时，行走困难，最后衰竭死亡。其他症状是病鸡精神沉郁，食欲减少，日渐消瘦。

(2)成年鸡发生贫血，产蛋量和种蛋孵化率降低。

剖检变化　雏鸡胸肌可见白色条纹，腹部和腿部皮下水肿，渗出液为蓝绿色。心肌有灰白色坏死灶，心包液增加。

诊断　根据临床症状和剖检变化很容易做出诊断，但应与维生素E缺乏相区别，并注意两者混合致病的可能性。

防治

(1)预防本病，可用1～2毫克/千克亚硒酸钠水溶液内服，用药时间为1～3日龄、20～23日龄、40～43日龄3个阶段。每个阶段连续3天饮水，每天8小时。

(2)病鸡用0.005%亚硒酸钠皮下或肌肉注射，每只注射1毫升。大群治疗可每日按3～5毫克/千克浓度的亚硒酸钠溶液，自由饮服8小时，连用3天，停药3天，再用3

天，即可控制本病。

二、腹　水　症

由于长时间各种原因的直接或间接缺氧所引起的心、肺、肝、肾等器官组织的病理性损伤使腹腔内有大量液体，称为肉鸡腹水症。

病因　引起肉鸡腹水症的病因较为复杂。但目前普遍认为环境缺氧是造成肉鸡腹水症的根本原因。快速生长的肉鸡代谢率高，对能量和氧的需要量明显增多，饲养在高海拔缺氧地区或冬季寒冷季节，为了维持鸡舍的温度，门窗紧闭，通风不畅，尤其饲养密度过大，舍内的二氧化碳、氨气和粉尘过量造成新鲜空气补充不足而缺氧。另外，采用高能、高蛋白饲料，对氧的需要量增加，也会造成相对缺氧。此外，维生素 E 和微量元素硒的缺乏及食盐过量，长期服用莫能霉素、饲料发霉和不合理地使用煤焦油类的消毒剂，以及某些呼吸器官的传染病，如鸡新城疫、鸡传染性支气管炎、鸡支原体感染和大肠杆菌病等均可诱发肉鸡腹水症。

临床症状　病鸡腹部膨大下垂，用手触摸有波动感，腹部皮肤变薄、发红，严重的走动困难，以腹部着地呈企鹅步样。如无继发感染体温正常。腹腔穿刺流出多量橙色透明的液体。

剖检　腹腔积有多量（200～500 毫升）橙色透明啤酒样积液，常混有纤维蛋白凝块和红细胞成分，肺充血、水肿，右心扩张、心肌菲薄，肝肿大或萎缩变硬，其表面附着一层灰白或浅黄色透明胶胨样渗出物，肾肿大充血。

防治　早期限饲或降低日粮的能量和蛋白，用粉料代替颗粒料控制早期的生长速度，降低饲养密度，加强舍内通风，将舍内的氨气控制在20毫克/升以下可防止本病的发生。

加强孵化后期的通风可防止早期腹水症的发生。认真搞好舍内环境卫生，减少粉尘，适时做好各种传染病的免疫，严格控制呼吸道疾病的发生。

不喂发霉饲料，合理使用消毒剂。在饲料中添加“惠康宝”可降低鸡舍内氨气的产生，明显减少腹水症的发生。

用利尿剂类的药物可缓解腹水症的发展，严重时可施腹部穿刺放出腹水。

三、磷和钙缺乏症

日粮中钙和磷的含量不够，或钙、磷的比例不当，或维生素D含量不足，都会影响钙、磷的吸收和利用。过量的钙导致钙、磷比例失调，骨骼畸变；磷过多可引起骨组织营养不良。所以钙、磷缺乏和钙、磷比例失调均可引起雏鸡佝偻病，在产蛋鸡则引起软骨病或产蛋疲劳症。

（一）佝偻病

佝偻病是由于钙、磷和维生素D_3缺乏或不平衡引起的雏鸡营养缺乏症。

病因

（1）佝偻病可因磷缺乏，但大多数是由于维生素D_3的不足引起的。

（2）即使饲料中的磷和维生素D_3的含量是足够的，如果强迫喂给过多的钙，也会促使发生磷缺乏而引起佝偻病。

（3）孵出的雏鸡钙贮备量很低，若得不到足够的钙供应，则很快出现缺钙。

临床症状 佝偻病常常发生于 6 周龄以下的雏鸡，由于缺乏的营养成分不同，表现不同。病鸡表现腿跛，行走不稳，生长速度变慢，腿部骨骼变软而富于弹性，关节肿大。跗关节尤其明显。病鸡休息时常是蹲坐姿势。病情发展严重时，病鸡可以瘫痪。但磷缺乏时，一般不表现瘫痪症状。

剖检变化 病鸡骨骼软化，似橡皮样，长骨末端增大，骺的生长盘变宽和畸形（维生素 D_3 或钙缺乏）或变薄而正常（磷缺乏）。与脊柱连接处的肋骨呈明显球状隆起，肋骨增厚、弯曲，致使胸廓两侧变扁。喙变软，橡皮样，易弯曲，甲状旁腺常明显增大。

诊断

（1）根据发病日龄、症状和病理变化可以怀疑本病。喙变软和串珠状肋骨，特别是胫骨变软，易折曲，可以确诊本病。

（2）分析饲料成分，计算饲料中的钙、磷和维生素 D_3 的含量发现其缺乏或不平衡，证实本病的存在。

治疗

（1）如果日粮中缺钙，应补充贝壳粉、石粉，缺磷时应补充磷酸氢钙。钙、磷比例不平衡要调整。

（2）如果日粮中已出现维生素 D_3 缺乏现象，应给予 3 倍于平时剂量的维生素 D_3 2～3 周，然后再恢复到正常剂量。

（二）笼养蛋鸡疲劳症

笼养母鸡疲劳症是笼养母鸡的一种营养代谢疾病。

病因 本病的病因与笼养鸡所处的特定环境有关，目前尚未取得一致的意见。

（1）日粮中钙、磷比例不当或维生素 C、维生素 D 的缺乏,尤其是维生素D的缺乏,易引起蛋鸡疲劳症。

由于母鸡高产(产蛋率80%以上),钙的不足或推迟,引起一种暂时的缺钙,为了蛋壳的形成母鸡不能从外界摄取足够的钙,那么,母鸡将利用自身骨骼中的钙,最终发生骨质疏松症。

(2)鸡饲养在笼内,长期缺乏运动,神经兴奋性降低,软骨变硬,肌肉强力减弱,以致运动机能减弱,可能是本病的部分原因。

临床症状 发病初期鸡只外表健康,精神正常,能采食、饮水和产蛋。以后出现产软壳蛋和薄壳蛋,产蛋量明显降低,两腿发软,站立困难。此时如能及时发现,采取措施,能很快恢复。否则症状逐渐严重,最后瘫痪,侧卧于笼内。此时病鸡反应迟钝,食欲消失,因不能采食和饮水致极度消瘦衰竭而死亡。

四、痛　风

痛风是鸡蛋白质代谢发生障碍,在体内产生大量尿酸或尿酸盐,在内脏器官浆膜膜表面、关节滑膜和腱鞘大量沉积所引起的疾病。

病因

(1)饲料中蛋白质尤其是核蛋白含量过高,同时伴有肾机能不全,此时体蛋白质的代谢产物尿酸大量增加,使血液中的尿酸的含量急剧增加,超出了正常的排泄限度,引起尿酸在体内的沉积。

(2)饲料中缺乏充足的维生素A和维生素D,矿物质含量配合不当,肾脏的机能障碍等也与痛风的发生有关。

临床症状　本病多发生在生长期的鸡和成鸡。因尿酸盐在体内沉积的部位不同，而分为内脏型痛风和关节炎型痛风，有时两者兼有，较常见的是内脏型痛风。

本病一般多呈慢性经过，急性死亡者是少数。病鸡表现为全身性营养障碍，精神委靡，食欲不振，贫血，羽毛蓬乱，逐渐消瘦衰竭，母鸡产蛋量下降甚至完全停产。有的病鸡表现鸡冠苍白、脱毛、皮肤瘙痒、气喘或神经症状。排黏液性白色稀便，其中含有多量的尿酸盐。

关节型痛风较少见，病鸡腿、脚趾和翅关节肿大，疼痛，运动迟缓，跛行，不能站立。

剖检变化

1. 内脏型痛风　可见肾脏肿大，色泽变淡，表面有尿酸盐沉积形成的白色斑点。输尿管扩张变粗，管腔中充满石灰样的沉淀物。严重的病鸡在心、肝、脾、肺、胸膜和肠系膜表现散在许多石灰样的白色絮状物（尿酸盐结晶），严重时可形成一层白色薄膜。将这些沉淀物刮下镜检，可看到许多针状的尿酸盐结晶。

2. 关节型痛风　可见关节表面和关节周围组织中有稠厚的白色黏性液体，几乎完全由滑液和尿酸盐结晶组成。骨关节面发生溃疡，关节囊坏死。

防治

（1）对本病的治疗，有效方法不多，故以预防为主。

（2）适当减少饲料中的蛋白质，特别是动物性蛋白质的含量。供给充足的清洁饮水和新鲜青绿饲料，注意补充维生素 A 和维生素 D。

（3）由于本病的发生与肾功能障碍有密切关系，因而要避免可能影响肾功能各种因素的发生。

五、鸡喹乙醇中毒

病因 由于用喹乙醇预防或治疗鸡病时用药量过大或混饲时搅拌不匀而发生中毒。

临床症状 病鸡精神沉郁，食欲减退，饮水减少，鸡冠呈暗红色，体温降低，神经麻痹，脚软，甚至瘫痪。死前常有抽搐、尖叫、角弓反张等症状。

剖检变化 肝脏稍肿大、质脆。胆囊胀大，充满胆汁。肌胃角质膜下出血。卵泡变形破裂，腹腔含有较多淡黄色的卵黄液体。十二指肠黏膜呈弥漫性出血。泄殖腔严重出血。

防治 用喹乙醇防治鸡病严格控制用量，预防用量混饲浓度为25～35毫克/升；用于治疗最大内服量：雏鸡每千克体重30毫克，成鸡每千克体重50毫克。一旦发生中毒，立即停喂有关可疑饲料或药物，并采取保护肝脏及促进肾脏排泄措施，如大量饮水，补充葡萄糖、维生素等。

六、氟 中 毒

病因 饲料中某种原料含氟量过高，如饲喂了未经过脱氟的磷酸氢钙或含氟量过高的骨粉等而发病。

临床症状 雏鸡表现精神不振，食欲降低，羽毛粗乱，拉稀粪，喜卧，甚至瘫痪。产蛋鸡产蛋率显著下降，蛋皮变薄，破壳蛋增多，容易发生腿骨骨折。

剖检变化 雏鸡胸骨发育不良，严重弯曲，腿骨松软，易弯而不易断。肾微肿，输尿管中有尿酸盐沉积。成年鸡胸骨变形，在胸骨和肋骨结合部位，肋骨向内卷曲。

防治 把好饲料关，及时检测饲料和饮水中氟的含量，发现超标，迅速更换。发现中毒时可口服补液盐以清除氟对机体的危害。还要补充钙、磷、维生素D、维生素C或多种维生素。

附　录

一、农业部发布《允许作饲料药物添加剂的兽药品种及使用规定》

为加强兽药使用的监督管理，指导农牧民正确使用兽药，控制兽药在动物性食品中的残留，农业部以农牧发[1997]8号文发布了《允许作饲料药物添加剂的兽药品种及使用规定》。

凡在饲料或饲料产品中使用兽药的单位，均必须严格遵守本规定，科学、准确地使用兽药，各级兽药管理机关应加强兽药使用的监督管理工作。

本规定所指的饲料药物添加剂是指为预防动物疾病和促进动物生长、提高饲料转化率的需要，将兽药与适当的载体混合制成的剂型。本规定所列品种是指可用于制成饲料药物添加剂的兽药品种，除表中所列品种及农业部批准可用于制成饲料药物添加剂的兽药品种外，其他兽药均不得制成饲料药物添加剂用于饲料中。饲料中需要使用兽药时，只能添加饲料药物添加剂，不能添加原料药或其他剂型的兽药。含有兽药的商品饲料应在标签中标明所含兽药的法定名称、准确含量、停药期及注意事项等，水产用饲料药物添加剂和为治疗动物疾病的加药饲料未包括在本规定中。

一、农业部发布《允许作饲料药物添加剂的兽药品种及使用规定》

品种	适用动物		最低用量	最高用量	停药期	注意事项
	种类	年龄上限	g/t 配合饲料		(d)	
1. 抗球虫类						
盐酸氨丙啉	鸡		62.5	125	0	维生素 B_1 大于 10 克/吨明显拮抗
盐酸氨丙啉＋乙氧酰胺苯甲酯(125∶8)	鸡		62.5＋4	125＋8	7	产蛋期禁用,维生素 B_1 大于 1 g/t 明显拮抗
盐酸氨丙啉＋乙氧酰胺苯甲酯＋磺胺喹噁啉(100∶5∶60)	鸡			100＋5＋60	7	产蛋期禁用,维生素 B_1 大于 10 g/t 明显拮抗
硝酸二甲硫胺	鸡			62	3	产蛋期禁用,维生素 B_1 大于 10 g/t 明显拮抗
氯羟吡啶	鸡	16 周		125	5	产蛋期禁用
尼卡巴嗪	鸡		100	125	4	产蛋期禁用,高温季节慎用
尼卡巴嗪＋乙氧酰胺苯甲酯(125∶8)	鸡			125＋8	9	产蛋期禁用,高温季节慎用,种鸡禁用
氢溴酸常山酮	鸡			3	5	产蛋期禁用,水禽禁用

续表

品种	适用动物		最低用量	最高用量	停药期	注意事项
	种类	年龄上限	g/t 配合饲料		(d)	
盐酸氯苯胍	鸡		30 50	36 66	7	产蛋期禁用
二硝托胺(球痢灵)	鸡			125	7	产蛋期禁用
拉沙洛西钠	鸡	18 周	70(7 500 万 U)	125(12 500 万 U)	5	产蛋期禁用,马属动物忌用,用后会致死
马杜拉霉素铵	鸡		5(500 万 U)	5(500 万 U)	5～7	产蛋期禁用。用量高于 6 g/t 时,明显抑制生长,与其他药物混用应慎重
莫能菌素钠	鸡	16 周	90(9 000 万 U)	11(1 100 万 U)	3	产蛋期禁用。马属动物忌用,用后会致死,禁止与泰妙菌素或竹桃霉素同时使用
盐霉素钠	鸡		50(5 000 万 U)	60(6 000 万 U)	5	产蛋期禁用。马属动物忌用,用后会致死,禁止与泰妙菌素或竹桃霉素同时使用
甲基盐霉素钠	鸡		60(6 000 万 U)	70(7 000 万 U)	5	产蛋期禁用。马属动物忌用,禁止与泰妙菌素或竹桃霉素同时使用

续表

品种	适用动物		最低用量	最高用量	停药期	注意事项
	种类	年龄上限	g/t 配合饲料		(d)	
甲基盐霉素钠＋尼卡巴嗪(1∶1)	鸡		40＋40	50＋50	＞7	产蛋期禁用。马属动物忌用，禁止与泰妙菌素或竹桃霉素同时使用，高温季节慎用
海南霉素钠	鸡		5(500 万 U)	7.5(750 万 U)	7	产蛋期禁用。马属动物忌用，禁止与泰妙菌素或竹桃霉素同时使用
2. 驱虫类						
越霉素 A					3	
	猪	4 个月	5(500 万 U)	10(1 000 万 U)		
	鸡		5(500 万 U)	10(1 000 万 U)	3	产蛋鸡禁用
潮霉素 B					15	
	猪	4 个月	10(1 000 万 U)	13(1 300 万 U)		
	鸡		8(800 万 U)	12(1 200 万 U)	3	产蛋鸡禁用

续表

品种	适用动物		最低用量	最高用量	停药期	注意事项
	种类	年龄上限	g/t 配合饲料		(d)	
3. 抑菌类						
喹乙醇	猪	4 个月	15	50	5	喹乙醇连续使用不能超过 24 个月，不能与抗生素同时应用
		2 个月	50	100	35	喹乙醇连续使用不能超过 24 个月，不能与抗生素同时作用
杆菌肽锌	牛	16 周 3 个月 6 个月	4(16 万 U) 10(40 万 U) 4(16 万 U)	20(80 万 U) 100(400 万 U) 40(160 万 U)	0 0	
硫酸粘杆菌素	猪	4 个月	2(6 000 万 U) 2(6 000 万 U)	20(60 000 万 U) 40(120 000 万 U)	7	
硫酸粘杆菌素	鸡 牛	10 周 3 个月	2(6 000 万 U)	20(60 000 万 U) 20(60 000 万 U)	7 7	产蛋期禁用

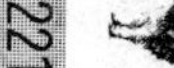

续表

品种	适用动物		最低用量	最高用量	停药期	注意事项
	种类	年龄上限	g/t 配合饲料		(d)	
杆菌肽锌＋硫酸粘杆菌素(5∶1)	鸡	10 周	2	20	7	产蛋期禁用
		4 个月	2	20	7	
	猪	2 个月	2	40	7	
黄霉素	鸡		1(100 万 U)	5(500 万 U)	0	
		2 个月	10(1 000 万 U)	25(2 500 万 U)	0	
	猪			5(500 万 U)		
		4 个月	30 mg/(头·d)	50 mg/(头·d)		
	牛				0	
北里霉素	猪	2 个月	5(500 万 U)	35(3 500 万 U)	3	
	鸡	10 周	5(500 万 U)	10(1 000 万 U)	2	产蛋期禁用
恩拉霉素	猪	4 个月	2.5(250 万 U)	20(2 000 万 U)		
	鸡	10 周	1(100 万 U)	10(1 000 万 U)	7	产蛋期禁用

续表

品种	适用动物		最低用量	最高用量	停药期	注意事项
	种类	年龄上限	g/t 配合饲料		(d)	
金霉素	猪	4 个月	25(2 50C 万 U)	75(7 500 万 U)	7	高用量时，低钙(0.4%～0.55%)饲料中连用不得超过 5 d
	肉鸡	10 周	20(2 000 万 U)	50(5 000 万 U)	7	
土霉素	猪	2 个月	15(1 500 万 U)	50(5 000 万 U)	0	产蛋期禁用，低钙(0.55%～0.8%)饲料中连用不得超过 5 d
			10(1 000 万 U)	20(2 000 万 U)	0	
	鸡	4 个月	5(500 万 U)	50(5 000 万 U)	0	
磷酸泰乐菌素	猪	2 个月	20(2 000 万 U)	100(1 000 万 U)	5	
			10(1 000 万 U)	50(5 000 万 U)	5	
	鸡	4 个月	4(400 万 U)	50(5 000 万 U)	5	产蛋期禁用
维吉尼霉素	猪		10(1 020 万 U)	20(2 040 万 U)	1	
	鸡	16 周	2(204 万 U)	5(510 万 U)	1	产蛋期禁用

本规定自 1997 年 9 月 1 日起施行，农业部 1989 年 1 月 9 日以(1989)农(牧)字 第 1 号文发布的《饲料药物添加剂品种及使用规定》同时废止。

二、农业部发布《无公害食品肉鸡饲养允许中兽药使用准则》

A　表A给出了无公害食品肉鸡饲养中允许使用的饲料药物添加剂品种、用量及休药期。

表A　无公害食品肉鸡饲养中允许使用的药物饲料添加剂

类别	药品名称	用量 （以有效成分计）	休药期 (d)
抗菌药	阿美拉霉素 avilamycin	5～10 g/1 000 kg	0
	杆菌肽锌 bacitracin zinc	以杆菌肽计 4～40 g/1 000 kg；16 周龄以下使用	0
	杆菌肽锌＋硫酸粘杆菌素 bacitracin zinc and colistin sulfate	(2～20)g/1 000 kg＋(0.4～4)g/1 000 kg	7
	盐酸金霉素 chlortetracycline hydrochloride	20～50 g/1 000 kg	7
	硫酸粘杆菌素 colistin sulfate	2～20 g/1 000 kg	7
	恩拉霉素 enramycin	1～5 g/1 000 kg	7
	黄霉素 flavomycin	5 g/1 000 kg	0
	吉他霉素 kitasamycin	促生长，5～10 g/1 000 kg	7
	那西肽 nosiheptide	2.5 g/1 000 kg	3
	牛至油 oregano oil	促生长，1.25～12.5 g/1 000 kg 预防，11.25 g/1 000 kg	0

续表 A

类别	药品名称	用量（以有效成分计）	休药期(d)
抗菌药	土霉素钙 oxytetracycline calcium	混饲 10～50 g/1 000 kg,10 周龄以下使用	7
	维吉尼亚霉素 virginiamycin	5～20 g/1 000 kg	1
抗球虫药	盐酸氨丙啉＋乙氧酰胺苯甲酯 amprolium hydrochloride and ethopabate	125 g/1 000 kg＋8 g/1 000 kg	3
	盐酸氨丙啉＋乙氧酰胺苯甲酯＋磺胺喹噁啉 amprolium hydrochloride and ethopabate and sulfaquinoxaline	100 g/1 000 kg＋5 g/1 000 kg＋60 g/1 000 kg	7
	氯羟吡啶 clopidol	125 g/1 000 kg	5
	复方氯羟吡啶粉（氯羟吡啶＋苄氧喹甲酯）	102 g/1 000 kg＋8.4 g/1 000 kg	7
	地克珠利 diclazuril	1 g/1 000 kg	
	二硝托胺 dinitolmide	125 g/1 000 kg	3
	氢溴酸常山酮 halofuginone hydrobromide	3 g/1 000 kg	5
	拉沙洛西钠 lasalocid sodium	75～125 g/1 000 kg	3
	马杜霉素铵 maduramicin ammonium	5 g/1 000 kg	5
	莫能菌素 monensin	90～110 g/1 000 kg	5
	甲基盐霉素 narasin	6～80 g/1 000 kg	5
	甲基盐霉素＋尼卡巴嗪 narasin and nicarbazin	(30～50)g/1 000 kg＋(30～50) g/1 000 kg	5

续表 A

类别	药品名称	用量（以有效成分计）	休药期(d)
抗球虫药	尼卡巴嗪 nicarbazin	20～25 g/1 000 kg	4
	尼卡巴嗪＋乙氧酰胺苯甲酯 nicarbazin and ethopabate	125 g/1 000 kg＋8 g/1 000 kg	9
	盐酸氯苯胍 robenidine hydrochloride	30～60 g/1 000 kg	5
	盐霉素钠 salinomycin sodium	60 g/1 000 kg	5
	赛杜霉素钠 semduramicin sodium	25 g/1 000 kg	5

B　表 B 给出了无公害食品肉鸡饲养中，在兽医指导下允许使用的治疗用药物的品种、用法、用量及休药期。

表 B　无公害食品肉鸡饲养中允许使用的治疗药

类别	药品名称	剂型	用法与用量（以有效成分计）	休药期(d)
抗菌药	硫酸安普霉素 apramycin sulfate	可溶性粉	混饮：0.25～0.5 g/L，连饮 5 d	7
	亚甲基水杨酸杆菌肽 bacitracin methylene	可溶性粉	混饮，预防 25 kg/L；治疗，50～100 mg/L，连用 5～7 d	1
	硫酸粘杆菌素 colistin sulfate	可溶性粉	混饮：20～60 mg/L	7
	甲磺酸达氟沙星 danofloxacin mesylate	溶液	20～50 mg/L，1 次/d，连用 3 d	

续表 B

类别	药品名称	剂型	用法与用量（以有效成分计）	休药期(d)
抗菌药	盐酸二氟沙星 difloxacin	粉剂、溶液	内服、混饮，5～10 mg/kg 体重，2 次/d，连用 3～5 d	1
	恩诺沙星 enrofloxacin	溶液	混饮，25～75 mg/L，2 次/d，连用 3～5 d	2
	氟苯尼考 florfenicol	粉剂	内服，20～30 mg/kg 体重，2 次/d，连用 3～5 d	30 暂定
	氟甲喹 flumequine	可溶性粉	内服，3～6 mg/kg 体重，2 次/d，连用 3～4 d，首次量加倍	
	吉他霉素 kitasamycin	预混剂	100～300 g/1 000 kg，连用 5～7 d，不得超过 7 d	7
	酒石酸吉他霉素 kitasamycin tartrate	可溶性粉	混饮，250～500 mg/L，连用 3～5 d	7
	牛至油 oregano oil	预混剂	22.5 g/1 000 kg，连用 7 d	
	金荞麦散 pulvis fagopyri cymosi	粉剂	治疗：混饲 2 g/kg；预防：混饲1 g/ kg	
	延胡索酸泰妙菌素 tiamulin fumarate	可溶性粉	混饮，125～250 mg/L，连用 3 d	
	磷酸泰乐菌素 tylosin	预混剂	混饲，26～53 g/1 000 kg	5

续表 B

类别	药品名称	剂型	用法与用量（以有效成分计）	休药期(d)
抗菌药	酒石酸泰乐菌素 tylosin tartrate	可溶性粉	混饮，500 mg/L，连用 3～5 d	1
	盐酸氨丙啉 amprolium	可溶性粉	混饮，48 g/L，连用 5～7 d	7
	地克珠利 diclazuril	溶液	混饮，0.5～1 mg/L	
	磺胺氯吡嗪钠 sulfaclozine sodium	可溶性粉	混饮，300 mg/L 混饲，600 g/1 000 kg，连用 3 d	1
	越霉素 A destomycin A	预混剂	混饲，10～20 g/1 000 kg	3
	芬苯哒唑 fenbendazole	粉剂	内服，10～50 mg/kg 体重	
	氟苯咪唑 flubendazole	预混剂	混饲，30 g/1 000 kg，连用 4～7 d	14
	潮霉素 B hygromycin B	预混剂	混饲，8～12 g/1 000 kg，连用 8 周	3
	妥曲珠利 toltrazuril	溶液	混饮：25 mg/L，连用 2 d	

三、出口肉禽《禁用药物名录》

1. 兽药类

(1)乙烯雌酚及其衍生物,二苯乙烯类

如:乙烯雌酚

(2)甲状腺抑制剂类

如:甲巯咪唑

(3)类固醇激素类

如:雌二醇、睾酮、孕激素

(4)二羟基苯甲酸内酯类

如:玉米赤霉醇

(5)β-肾上腺激动剂

如:克伦特罗.沙丁胺醇、喜马特罗、特布他林、拉克多巴胺

(6)氨基甲酸酯类

如:甲萘威

(7)抗生素类

如:二甲硝咪唑、呋喃唑酮、甲硝唑、洛硝达唑、氯霉素、菌素、杆菌肽

(8)其他类

如:氯丙嗪、秋水仙碱、氨苯砜、二氯二甲吡啶(氯羟吡啶胺喹噁啉)

2. 农药类

(1)有机氯类

如:六六六、DDT、六氯苯、多氯联苯

(2)有机磷类

如:二嗪农、皮蝇磷、毒死蜱、敌敌畏、敌百虫、蝇毒磷

四、出口肉禽《允许使用药物名录》

药品名称	用药剂量和方法	宰前停药期(d)	最大残留限量(mg/kg)	其　他
青霉素	5 000 国际单位/羽，2～4 次/d，饮水	14		忌与氯丙嗪盐、四环素类、磺胺类药物合用
庆大霉素	肌肉注射 5 000 IU/(羽·次)，饮水 2 万～4 万 IU/L 水	14	肌肉：100；肝：300	
卡那霉素	拌料 15～30 mg/kg；肌肉注射 10～30 mg/kg 体重；饮水 30～120 mg/kg，2～3 次/d	7 14(注射)	肌肉：100；肝：300	
丁胺卡那霉素	饮水 10～15 mg/kg 体重，2～3 次/d	14	肌肉：100；肝：300	
新霉素	饮水 15～20 mg/kg 体重，2～3 次/d	14	肌肉/肝：250	
土霉素	拌料 100～140 mg/kg	30	肌肉：100；肝：300 肾：600	
金霉素	拌料 20～50 mg/kg	30	肌肉：100；肝：300；肾：600	
四环素	拌料 100～500 mg/kg	30	肌肉：100；肝：300；肾：600	

续表

药品名称	用药剂量和方法	宰前停药期(d)	最大残留限量(mg/kg)	其　他
盐霉素	拌料 60～70 mg/kg	7	肌肉:600;肝:1 800	禁止与泰妙菌素、竹桃菌素并用
莫能菌素	拌料 90～110 mg/kg	7	可食用组织:50	
粘杆菌素	拌料 2～20 mg/kg	14	肌肉/肝/肾:150	
阿莫西林	5 000 IU/羽,2～4 次/d,饮水	14	肌肉/肝/肾:50	
氨苄西林	5 000 IU/羽,2～4 次/d,饮水	14	肌肉/肝/肾:50	
诺氟沙星(氟哌酸)	15～20 mg/(kg·d),饮水	10	肌肉:100;肝:200;肾:300	
恩诺沙星	饮水 500～1 000 mg/L,2～3 次/d	10	肌肉:100;肝:200;肾:300	
红霉素	饮水 150～250 mg/L,2～3 次/d	7	肌肉:125	
氢溴酸常山酮	拌料 3 mg/kg	5	肌肉:100	
拉沙洛菌素	拌料 75～125 mg/kg	5	皮+脂:300	
林可霉素	饮水 15～20 mg/kg,2～3 次/d;拌料 2.2～4.4 mg/kg	7	肌肉:100;肝:500;肾:1 500	
壮观霉素	饮水 130 mg/kg,2～3 次/d	7	可食用组织:100	
安普霉素	饮水 250～500 mg/L,2～3 次/d	7	未定	

续表

药品名称	用药剂量和方法	宰前停药期(d)	最大残留限量(mg/kg)	其他
达氟沙星	饮水 500～1 000 mg/L，2～3 次/d	10	肌肉:200;肝/肾:400	
越霉素	拌料 5～10 mg/kg	5	可食用组织:200	
脱氧土霉素(强力霉素)	饮水 10～20 mg/kg 体重次/d	7	肌肉:100;肝:300;肾:600	
乙氧酰胺苯甲酯	拌料 8 mg/kg	7	肌肉:500 肝/肾:1 500	
潮霉素 B(效高素)	拌料 8～12 mg/kg	7		
马杜霉素	拌料 5 mg/kg	7	肌肉:240;肝:720	饲料添加 6 mg/kg 以上会引起中毒
新生霉素	拌料 200～350 mg/kg	14	可食用组织:1 000	
赛杜霉素钠(禽旺)	拌料 25 mg/kg	7	肌肉:359;肝:1 108	
复方磺胺嘧啶(磺胺嘧啶和甲氧苄啶)	拌料 SD 200 mg/kg＋DVD 40 mg/kg	21	肌肉/肝/肾:50	
磺胺二甲嘧啶	拌料 200 mg/kg	21	肌肉/肝/肾:100	
磺胺-2，6 二甲氧嘧啶	拌料 125 mg/kg	21	肌肉/肝/肾:100	

参考文献

[1]李玉兰,张林等．怎样养好肉仔鸡．北京:中国农业大学出版社,1992

[2]宋绍宏,郭强等．怎样养好产蛋鸡．北京:中国农业大学出版社,1999

[3]陈斌,傅先强等．庭院养鸡．北京:中国农业出版社,1998

[4]牛树田,廉爱玲等．家禽饲养技术．北京:中国农业出版社,1999

[5]朱玉琴,丁角立,沈慧乐等．畜禽营养及配合饲料．北京:中国农业大学出版社,1987

[6]王和民等．配合饲料配制技术．北京:中国农业出版社,1990

[7]傅先强等．养鸡场鸡病防治技术．北京:金盾出版社,1998

[8]甘孟侯等．中国禽病学．北京:中国农业出版社,1999

图书在版编目(CIP)数据

肉鸡饲养管理与疾病防治技术/傅先强,仇宝琴主编.—北京:中国农业大学出版社,2003.2
ISBN 7-81066-523-5/S·325

Ⅰ.肉… Ⅱ.①傅… ②仇… Ⅲ.①肉用鸡-饲养管理 ②肉用鸡疾病-防治 Ⅳ.S831.4

中国版本图书馆CIP数据核字(2002)第081386号

出版发行 中国农业大学出版社
经　　销 新华书店
印　　刷 莱芜市圣龙印务书刊有限责任公司
版　　次 2003年2月第1版
印　　次 2003年6月第2次印刷
开　　本 32　印张7.75　千字170
规　　格 850×1 168
印　　数 5 501～10 500
定　　价 11.00元

图书如有质量问题本社负责调换
社址 北京市海淀区圆明园西路2号　**邮政编码** 100094
电话 010-62892633　**网址** www.cau.edu.cn/caup/